URSULA CHRISTIAN

Beagle

Praxiswissen Hund

AUSWAHL, HALTUNG,
ERZIEHUNG, BESCHÄFTIGUNG

KOSMOS

☞ *Inhalt*

SO SIND BEAGLE
— *Geschichte und Wesen*

ENTSTEHUNG DER RASSE

Wenn man sich für einen Beagle interessiert, stellt man sich schnell die Frage nach dem geschichtlichen Hintergrund der Rasse. An dieser Stelle möchte ich Ihnen nur einen kleinen Einblick bzw. einen Anreiz geben, sich vielleicht noch intensiver mit der Thematik zu beschäftigen.

Im Jahr 1615 wurde der Beagle zum ersten Mal als Jagdhund in der Literatur aufgeführt. Zu dieser Zeit wurde er in der Meute gehalten und bei Gesellschaftsjagden zu Fuß auf den Hasen eingesetzt. In den folgenden Jahrhunderten gab es in Großbritannien sehr viele Beagle-Meuten. Es wurde konsequent nach Spurlaut (Hetzlaut), Ausdauer, Nasenleistung, soziales Verhalten und Größe (33 cm–40 cm) selektiert.

Man darf nicht vergessen zu erwähnen, dass auch die Fellfarbe eine große Rolle gespielt hat. Man musste die Beagle nicht nur durch den Spurlaut hören, sondern auch sehen können. Durch die weißen Flecken und die unterschiedliche Farbverteilung mit schwarz und braun war jeder Beagle einzigartig und nicht zu verwechseln. Beim Arbeiten mit tiefer Nase in dichter Bodenbewachsung war seine stolz getragene Rute mit der weißen Rutenspitze immer gut zu sehen. Sein Markenzeichen, so möchte ich es nennen, die weiße Rutenspitze, ist auch heute noch ein Muss. Ein sogenannter Beagle ohne weiße Rutenspitze ist kein Beagle.

Durch seine fast immer gute Laune, seine große Sozialverträglichkeit, seinen guten Appetit und die große Leistungsfähigkeit machten ihn zu einem idealen Jagdhund.

Die feine Spürnase macht den Beagle zum idealen Jagdbegleiter.

Jetzt werden Sie den Beagle besser verstehen können. Seine Jagdleidenschaft werden Sie ihm nicht abgewöhnen oder besser gesagt aberziehen können. Gezielte Beschäftigungen, die seinen Anlagen entsprechen, wie zum Beispiel Mantrailing, Fährten lesen, Nachsuche und ausgedehnte abwechslungsreiche Spaziergänge, lassen ihn zu einem ausgeglichenen Familienmitglied heranwachsen. Wegen seines fröhlichen Wesens und seiner ausgeprägten Sozialverträglichkeit ist er für Kinder und Jugendliche der ideale Hund. All diese wunderbaren Eigenschaften machen ihn ein Hundeleben lang zu einem ganz besonderen Kameraden, der wenig Probleme verspricht.

Eine Vielzahl von Fellfarben.

Fellfarbe: tricolor mottled

DIE FELLFARBEN

Der Beagle gehört zu der Gruppe der Hounds (jagende Hunde). Wenn man sich alte Beagle-Meuten auf Bildern anschaut, fällt einem sofort die unglaubliche Vielfalt der Fellfarben auf.

Kein Beagle gleicht dem anderen. So ist jeder leicht zu erkennen. Diese Farbvielfalt ist auch heute noch erlaubt und gehört zum Rassebild. Vorgeschrieben ist lediglich die weiße Rutenspitze. Im Zuchtbuch des Beagle Club Deutschland e.V. werden die Fellfarben, die im FCI Rassestandard aufgeführt sind, eingetragen.

TRICOLOUR

Ein Welpe mit der Farbe Tricolour wird schwarz / weiß geworfen (geboren). Die braune Färbung am Kopf und an den Schenkeln entwickelt sich ab etwa der fünften Woche ständig.

BICOLOUR

Ein Welpe mit der Farbe Bicolour wird weiß geworfen. Die braune Farbe entwickelt sich mit der Zeit. Die Fellfärbung wird im Laufe des ersten Lebensjahrs immer intensiver. Die Nasen sind im Sommer dunkler als im Winter. Einige Beagle haben eine stark pigmentierte und andere eine hellere Nase. Beides entspricht dem Rassestandard.

HAREPIED

Ein harepied Welpe hat auf dem Rücken und an den noch geschlossenen Augen einen dunklen Aalstrich. Bei dieser Fellfarbe ist eine Schmetterlingsnase erlaubt. Der äußere Rand der gesamten Nasenbeere ist dunkel umrandet. Innen ist sie heller ausgefüllt und ähnelt so einem Schmetterling. Die Schmetterlingsnase ist bei harepied kein Muss, ist aber erlaubt.

MOTTLED

Ein mottled Welpe hat bei jeder Fellfarbe eine schieferfarbige Nase. Die Lefzen sind dunkel pigmentiert. Bei tricolour mottled zeigen sich nach ein paar Tagen schon die ersten schwarzen Sprenkel im weißen Fell. Am Kopf und an den Beinen werden die Sprenkel braun und am Rücken bleiben sie schwarz. Die Sprenkel bei bicolour sind

Fellfarbe: bicolour

Fellfarbe: tricolour

braun, das weiße Fell ist nicht ganz weiß und die Augenfarbe ist meistens sehr dunkel. Diese Farbe erkennt man beim Welpen an der Pfotenpigmentierung. Bei jeder mottled Variante färben sich die schieferfarbenen Pfoten (jede einzelne Zehe) im geschlossenen Kreis von außen nach innen. Diese Farbe tritt nur auf, wenn ein Elternteil diese Farbe hat. Alle anderen Farben können auch verdeckt vererbt werden.

AUFHELLUNGSGENE

Der Zusatz Blue, Fawn und Liver beschreibt das Aufhellungsgen. Alle drei Aufhellungsgene kommen selten bei dem Beagle vor. Für einige Aufhellungsgene gibt es mittlerweile einen Gentest, um die Verbreitung zu kontrollieren.
Nicht erwünscht ist die Farbe Liver (wie Schoko-braun), die dabei häufig auftretende grüne Augenfarbe entspricht nicht dem Rassestandard.

FARBVERTEILUNG

Bei der Farbverteilung haben einige Beagle eine geschlossene Decke. Andere Beagle haben eine aufgerissene Decke. Darunter versteht man bei der Farbe Tricolour weiße Flecken in der schwarzen Decke. Genauso verhält es sich bei den Farben Bicolour, Harepied und Mottled. Auch unterschiedlich gefärbte Beine sind erlaubt. Mit der Zeichnung am Kopf verhält es sich genauso. Jede Verteilung der Farbe ist gestattet und hat nichts mit der Qualität des Beagle zu tun. So ist Ihr Beagle etwas Einzigartiges. Sie erkennen ihn sofort, wenn er mit anderen Hunden spielt.
Viele Menschen, die sich für einen Beagle interessieren, sind dem Irrglauben verfallen, dass nur ein dreifarbiger Beagle mit geschlossener Decke ein richtiger Beagle ist. In seinem Mutterland England gibt es auf großen Hundeausstellungen mit 180 gemeldeten Beagle genauso viele tricolour Beagle wie bicolour Beagle.
Gerade diese wunderschöne Farbvielfalt gilt es zu erhalten. So ist sichergestellt, dass der Beagle ein kleiner kompakter Jagdhund bleibt, mit all seinen Farbvarianten.
Als Züchter ist es unsere Aufgabe darauf zu achten, die Farbvielfalt zu erhalten.
Ein verantwortungsbewusster Züchter züchtet zum Wohl der Rasse und nicht nach dem Geschmack der Mode oder dem Wunsch der Käufer. So erfreut sich jeder Züchter an seinem bunten Wurf mit vielen verschiedenen Fellfarben.

Der Beagle eignet sich als Familienhund, wenn man seine Bedürfnisse beachtet.

VIELSEITIGKEIT

Wie Sie auf den ersten Seiten schon gelesen haben, wurde der Beagle ursprünglich für die Jagd zu Fuß auf Hasen gezüchtet. Mit den Jahren fand er durch seine unglaublich gute Nasenleistung noch andere Bereiche, in denen er erfolgreich eingesetzt wurde und wird.

In Australien und Amerika ist er als Drogenspürhund auf Flughäfen beliebt. Sein freundliches Wesen, seine Wendigkeit, Ausdauer und seine feine Nase machen ihn zu einem erfolgreichen Spürhund. Der Beagle wird dort eingesetzt, wo man seine feine Nase und seine hartnäckige Suche zu schätzen weiß. So zum Beispiel auch beim Katastrophenschutz.

Seit einigen Jahren finden auch die Jäger wieder Gefallen an einem Beagle. Er eignet sich besonders zur Nachsuche, wenn das Wild nach einem Schuss flüchtig ist. Auch bei der Schweißarbeit überzeugt er durch seine Leistungen. Welcher Hund wäre passender als ein Beagle? Er ist zur Jagd einsetzbar und auch ein fantastischer Familienhund ohne Wildschärfe, das

Bei der Nachsuche leistet der Beagle großartige Hilfe.

heißt er reißt das Wild nicht.
Heute leben die meisten Beagle in Familien. Dort fühlt er sich bei seiner Ersatzmeute ausgesprochen wohl. Seine große Anpassungsfähigkeit und sein Sozialverhalten machen ihn zu einem idealen Familienhund. Es gibt auch viele Beschäftigungsmöglichkeiten, die man mit gleichgesinnten Hundefreunden ausüben kann. Aufgrund der Zuchtüberwachung im Beagle Club Deutschland e. V., nach dem FCI Rassestandard, ist der Beagle ursprünglich und nicht überzüchtet. Menschen, die sich für einen Beagle entscheiden, lieben die Natur und haben Humor. Es gibt immer wieder Momente, in denen sie über das Verhalten ihres Beagle einfach nur noch lachen können.

Beagle lernen das Apportieren schnell und sind begeistert bei der Sache.

CHARAKTERHUND BEAGLE

Der Beagle ist ein Hund mit einem starken Charakter. Wenn man mit ihm zusammenlebt, merkt man ganz schnell, wie besonders ein Beagle ist. Man lebt mit ihm und ist im Handumdrehen der Rasse verfallen.

Wenn man mit seinem Beagle unterwegs ist, muss man sich keine Gedanken machen. Durch seine liebenswerte Art und sein freundliches Wesen hat jeder das Bedürfnis, ihn zu streicheln. Er zeigt ganz deutlich, wie sehr er es genießt. Die meisten Menschen, die einem begegnen, beachten uns gar nicht und schauen nur zum Beagle. Das ist vollkommen normal. Im Hotel oder Restaurant ist man mit ihm immer gern gesehen. Gute Erziehung ist natürlich die Voraussetzung.

Sein instinktsicheres Verhalten kann einen schon manchmal in Erstaunen versetzen. Das zeigt sich ganz deutlich bei Hundebegegnungen. Wenn er einem Hund ausweicht oder ihn anbellt, zeigt er Ihnen damit, dass etwas nicht stimmt. Die Gründe können vielfältig sein. Der Hund könnte ängstlich oder aggressiv sein. Trifft Ihr Beagle freundlich wedelnd auf Artgenossen, zeigt er Ihnen damit ganz klar an, dass das Gegenüber sozialverträglich ist.

In den meisten Fällen können Sie sich auf das Urteilsvermögen Ihres Beagle verlassen.

Ein weiterer Charakterzug ist sein Einfallsreichtum. Er ist bis ins hohe Alter phänomenal, wenn es darum geht, seine Bedürfnisse durchzusetzen. Er lernt jeden Tag dazu. So kann es passieren, dass er, um mehr Aufmerksamkeit von Ihrem Besuch zu bekommen, bei Tisch bettelt. Glauben Sie mir, einer Ihrer Besucher wird seinem Charm verfallen. Hat er sein Ziel erreicht, wird er unschuldig schauen. Ganz nach dem Motto „Ich habe auch Hunger und habe nur geschaut". Er wird Ihnen immer ganz offenkundig zeigen, was er möchte. Egal ob er Langeweile hat, spielen oder spazieren gehen möchte oder Hunger hat. Meistens muss man lachen, wenn man festgestellt hat, dass es dieser kleine Beagle mit seinem treuen Blick wieder geschafft hat, einen zu überlisten. Mit den Jahren werden Sie diese Charakterzüge zu schätzen wissen und der Wunsch nach einem zweiten Beagle wächst. Spätestens, wenn er in die Jahre gekommen ist, ist es so weit und ein kleiner Beagle-Welpe zieht bei Ihnen ein. So hat es auch bei mir angefangen. In den vielen Jahren meiner Zucht hat mich sein Charme, seine Sozialverträglichkeit und seine Anpassungsfähigkeit immer begeistert.

Die Urgroßmutter meiner Beagle Charity vom Kemnader See.

Oft bleibt es nicht nur bei einem Beagle.

Schnell wird sich Ihr Beagle bei Ihnen eingewöhnt haben und aufmerksam auf Sie achten.

TYPISCH BEAGLE

Ein Beagle ist kein Hund – er ist ein Beagle. Ein Beagle ist immer gut gelaunt, fröhlich und ausdauernd. Wenn Sie durch den Wald gehen und er auf eine Wildfährte trifft, die Sie leider nicht riechen können, wird er losrennen und versuchen, der Spur mit Spurlaut zu folgen. Wie Sie schon gelesen haben, hetzt ein Beagle sein Wild. Er wird es nie angreifen oder reißen. Das werden Sie ihm weder abgewöhnen noch durch erzieherische Maßnahmen unterbinden können. Das Verhalten ist genetisch verankert und soll auch so sein. Wir wollen doch alle einen „richtigen" Beagle mit seinen typischen Eigenschaften. Mit der Zeit werden Sie die Körpersprache Ihres Beagles lesen lernen und sind dann vorgewarnt. Sobald ein Beagle eine Wiese oder Waldboden betritt, ist seine Nase auf dem Boden. Allerdings ist seine Nase auch in der Stadt immer auf dem Boden. Leider liegen häufig Essensreste in der Nähe von Imbiss-Buden auf dem Bürgersteig. Diese Reste sind sein Ziel und werden in Windeseile vernichtet.
Wenn Sie Ihren Beagle auf einer Spurlaut-Prüfung beobachten, wie gut er spurlaut (mit Jagdlaut) der Hasenfährte folgt, und das ohne viel zu üben, da geht einem das Herz auf. Er ist noch so instinktsicher wie vor Hunderten von Jahren. Das kann kaum eine Rasse von sich behaupten. Es gibt noch etwas, was absolut typisch ist. Ein Beagle lernt bis ins hohe Alter jeden

Tag dazu, was ihn immer jung erscheinen lässt. Der Hundeplatz, Fährtenarbeit, Intelligenzspiele, das alles macht ihm bis ins hohe Alter Spaß. Da Ihr Beagle Sie schon vom ersten Tag an durchschaut hat, merkt er sehr schnell, ob Sie ein Kommando wirklich so meinen. Wenn nicht – gehorcht er nicht.
Außerdem mag er es nicht, wenn man ihn scharf anspricht oder anschreit. Auch dann gehorcht er nicht. Wenn er etwas unbedingt möchte und Sie ihn nicht durch ein Kommando liebevoll konsequent davon abhalten, wird er hartnäckig versuchen, an sein Ziel zu kommen. So wurde er gezüchtet: eigenständig und ausdauernd sein Ziel zu verfolgen. Wenn Sie das verinnerlicht haben, verstehen Sie sein Verhalten und schätzen ihn dafür um so mehr. Ihr Beagle wird bei allem, was Sie mit ihm machen, sein Bestes geben.
In den vielen Jahren meiner züchterischen Tätigkeit hat mich vor allem sein unglaublich liebenswertes Wesen und seine Gabe, mit meinen Kindern und mittlerweile Enkelkindern umzugehen, sehr glücklich gemacht. Sie sind so unglaublich geduldig und zeigen ganz deutlich, wie sehr sie die Kinder lieben. Es stört meine Enkelkinder auch nicht, angesprungen zu werden. Ihr Kommentar ist dann: „Ach Oma, sie lieben mich doch so." Dann denke ich immer, etwas Schöneres können sie nicht erleben.

AUF EINEN BLICK

- Der Beagle ist ein Jagdhund, der seinen Ursprung in Großbritannien hat.
- Die Farbvielfalt seines Fells ist gewollt und die weiße Rutenspitze ein „Muss".
- Der Beagle eignet sich sowohl als Jagdhund, als Drogenspürhund und als Familienhund.

Fröhlich und ausdauernd – so ist der Beagle.

WILLKOMMEN DAHEIM
— *Auswahl & Eingewöhnung*

01

02

RASSEEIGENSCHAFTEN

Um die Rasseeigenschaften besser aufzeigen zu können, habe ich sie in acht Punkte aufgeteilt. Wenn Sie alle acht sich daraus ergebenden Fragen mit ja beantworten können, ist der Beagle der richtige Begleiter für Sie.

ERSTENS: AUSLAUF

Ein Beagle braucht regelmäßigen, dem Alter entsprechenden Auslauf bei Wind, Regen, Schnee und bei Sonnenschein. Kein noch so schlechtes Wetter schreckt ihn ab. Ihm die tägliche Möglichkeit zu geben, dieses Bedürfnis auszuleben, ist für ein harmonisches Zusammenleben Grundvoraussetzung. Er braucht die Nasenarbeit in der freien Natur und den sozialen Kontakt zu Artgenossen und natürlich seine Menschenfamilie als Meute-Ersatz. Diese Bedürfnisse resultieren aus der lang andauernden Zucht als Meutehund. Wenn Sie die Natur lieben und gerne täglich im Wald oder auf dem Feld spazieren gehen, dann haben Sie mit einem Beagle einen tollen Partner. Sind Sie bereit, bei egal welchem Wetter für genügend Auslauf und Nasenaktivität zu sorgen? Seien Sie sich bewusst, dass Sie ein Beagle-Leben lang seine Meute sein werden!

01 Ein Beagle liebt den engen Kontakt zu seinen Menschen.

02 Spaziergänge sind ein Abenteuer für Ihren Hund, wenn Sie ihn interessant gestalten.

03 Bald ist dieser Wurf Beagle bereit, bei seiner neuen Familie einzuziehen.

03

ZWEITENS: MEUTE

Unter einer Meute versteht man eine große Anzahl von Beagle, die zusammenleben und gemeinsam jagen. Dies tun sie fröhlich, ausdauernd, zielstrebig, unerschrocken, vornehmlich auf Hasen. Dieses Verhalten ist in ihren Genen verankert und wurde durch gezielte Selektion erhalten. Daraus resultiert eine starke Bindung an die Menschen, die die Ersatz-Meute darstellen. Er braucht engen sozialen Kontakt. Als Einzelhund gehalten ist die Familie seine Meute. Am liebsten hat er alle um sich herum. Alleine bleiben ist ein langer Prozess, der in kleinen Schritten geübt werden sollte. Vorher ein ausgiebiger Spaziergang oder Suchspiele erleichtern es ihm. Danach schläft er. Sind Sie bereit, seine Bedürfnisse nach Nähe zu erfüllen und ein Alleinsein langsam zu etablieren?

DRITTENS: FUTTER

Ein Beagle hat in der Regel einen recht robusten Magen. Er hat den Ruf, sehr verfressen zu sein. Wenn er achtzehn Monate alt ist, sollten Sie das Futter und die zusätzlichen Leckerchen kontrollieren. Im Alter von neun Wochen bis ungefähr einem Jahr ist die Futterkontrolle so nicht nötig, denn der Beagle braucht während des Wachstums viel Futter und sollte immer eher etwas moppelig sein. Ein schlank gehaltener junger Beagle ist oft viel zu nervös und findet keine innere Ruhe. Er wird auch nie zu einem kompakten Beagle mit kräftigen Knochen. Die im Futterhandel angebotenen Sorten sind zahlreich. Wenn Sie unsicher sind, fragen Sie Ihren Züchter. Sind Sie bereit, die Fütterung Ihres Beagle-Welpen mit ganzer Verantwortung für seine Gesundheit zu übernehmen?

Ab und zu kann der Beagle am Fahrrad laufen und dadurch ausgelastet werden.

Der Beagle ist ein Jäger aus Passion!

VIERTENS: ERZIEHUNG

Nur ein wohlerzogener Beagle ist überall gern gesehen. Er kann aber nur das, was Sie ihm beigebracht haben, oder eben nicht. Da er sehr intelligent ist und eine schnelle Auffassungsgabe hat, lernt er sehr schnell. Vor allem lernt er durch Beobachten. Oft wird er fälschlich als dickköpfig beschrieben. Das trifft es aber nicht genau. Er ist sehr sensibel und spürt jede Ihrer Emotionen sofort. Meistens spiegelt er uns unser Verhalten. Ein Kommando, das Sie vielleicht nur halbherzig geben, wird er nicht befolgen. Bei konsequenter, liebevoller Erziehung haben Sie mit der Zeit einen treuen Begleiter. Könnnen Sie sich täglich mindestens 15 Minuten abzwacken, um an der Ausbildung zu arbeiten?

FÜNFTENS: JAGDTRIEB

Der Beagle ist, wie Sie schon öfter in diesem Buch gelesen haben, ein Jagdhund. Seine feine Nase wittert jede Fährte, der er laut hetzend (spurlaut), ausdauernd, zielsicher und freudig nachgeht. Der Jagdtrieb entwickelt sich erst während der Pubertät und will ausgelebt werden. Durch starke Bindung und eine konsequente liebevolle Erziehung, die er bis dahin genossen hat, lässt sich dieser Trieb gut kontrollieren. Eine gezielte Beschäftigung des Beagles unterstützt Sie dabei, alles in die gewünschte Bahn zu lenken. Diese Aktivitäten festigen die Bindung zwischen Hund und Mensch unbeschreiblich stark. Ihr Beagle ist dabei in seinem Element, da er ein ausgesprochener Teamplayer ist. Sind Sie bereit, sich auf die Herausforderung einzulassen?

SECHSTENS: SPORT UND SPASS

Wenn Sie Interesse an Gleichgesinnten haben, können Sie sich an den Beagle Club Deutschland e. V. wenden. In den zahlreichen Landesgruppen werden viele Aktivitäten angeboten. Auch der VDH kann Ihnen Adressen nennen, wenn Sie Hundeschulen suchen, die mehr Agility, Dogdance oder Maintrailing anbieten.

Mittlerweile bieten auch viele Hundevereine Hundeausbildung an. Dort treffen Sie auf die unterschiedlichsten Rassen. Meinen Beagle macht es immer viel Spaß, mit anderen Rassen zu trainieren. Jede Rasse besitzt andere rassetypische Merkmale und verhält sich auch anders. Beagle lernen dort mit Nicht-Beagle. Haben Sie Interesse an weiteren, vertiefenden Aktivitäten und genug Raum in Ihrem Alltag dafür?

Auch Hundeschulen bieten in unterschiedlichen Bereichen Kurse an. Wenn Sie an jagdlicher Arbeit interessiert sind, wenden Sie sich an den örtlichen Hegering (regionale Untergliederung der Jägerschaften).
Es gibt viel nützliche Literatur über Beschäftigungsmöglichkeiten (siehe Service ab Seite 126). Für Sie und Ihren Beagle ist bestimmt etwas Passendes dabei.

Mit liebevoller Konsequenz lernt der kleine Beagle schnell, wo sein Platz ist.

SIEBTENS: URLAUB

Mit dem Beagle in Urlaub zu fahren, ist kein Problem. Durch seine liebenswerte Art ist er bei allen Menschen gern gesehen. Wenn Sie ins Ausland fahren möchten, erkundigen Sie sich nach den Einreisebestimmungen und ob in Ihrer gewählten Unterkunft Hunde erlaubt sind. Welche Möglichkeiten an Unternehmungen Sie mit Ihrem Beagle haben, erfahren Sie bei der jeweiligen Touristikinformation oder auf den Internetseiten der Urlaubsorte. Sind Sie bereit, sich im Urlaub auf die Bedürfnisse Ihres Beagle einzulassen?

Checkliste

DAS MUSS MIT IN DEN URLAUB

- ☐ Impfausweis
- ☐ Futter
- ☐ Näpfe
- ☐ Decken
- ☐ Handtücher
- ☐ eventuell Regenmantel (bei Hotelaufenthalt nützlich)
- ☐ Notfallmedikamente (Tierarzt fragen)
- ☐ Zeckenzange
- ☐ Kopie der Haftpflichtversicherung

Anfangs wird Ihr Beagle viel schlafen wollen.

ACHTENS: EIN WELPE KOMMT INS HAUS

Alle Vorbereitungen sind getroffen. Alle Kabel gesichert, Treppen mit Türgittern versehen, viel Spielzeug gekauft, Teppiche entfernt und Schlafplätze aufgestellt. Nun kann Ihr Welpe einziehen.

An dieser Stelle möchte ich Ihnen einen aus meiner Erfahrung resultierenden Rat geben: Bitte nehmen Sie keine Decke oder andere benutzte Gegenstände von Ihrem Züchter mit. Stellen Sie sich folgende Situation vor: Ihr Welpe ist bei Ihnen zuhause und riecht an der Decke seine Mutter und Geschwister. Er wird sofort anfangen zu jaulen und unruhig hin und her laufen. Im schlimmsten Fall wird er laut bellen. Meinen Welpenkäufern rate ich daher, Ihre getragenen T-Shirts in das Körbchen des Welpen zu legen. Während des Schlafens atmet er den Duft seiner neuen Familie ein. Das ist der erste Schritt zu einer jahrelangen innigen Bindung.

Für den Beagle-Welpen ist das ein großer Einschnitt in seinem bisherigen Leben. Der Welpe ist mindestens neun Wochen alt, wenn er zu Ihnen kommt. Bislang kannte er nur seine Beagle-Familie und die menschliche Züchterfamilie. Für den kleinen Beagle ist alles neu. Er kann noch nichts und ist neugierig interessiert an allem, was er sieht und findet. Nun liegt es an Ihnen, Ihren Welpen liebevoll und konsequent zu erziehen. Man braucht dafür sehr viel Geduld und noch mehr Zeit. Außerdem viel Einfühlungsvermögen um zu erkennen, was der Welpe braucht. Er ist kein Computer, den man ausstellen kann. Er ist ein Welpe und hat seine Bedürfnisse. Eine Hundeschule mit Welpenspielgruppe kann dabei hilfreich sein. Haben Sie genug Zeit, gerade in der Anfangsphase, sich rund um die Uhr um Ihr Hundekind zu kümmern? Auch nachts schnell auf den Pippi-Platz zu

Auf Messen und Hundeausstellungen hat man die größte Auswahl an gutem Zubehör.

Achten Sie auf Qualität, dadurch sparen Sie auf Dauer am meisten Geld.

gehen, wenn sich Ihr Welpe meldet?
Alle diese acht Fragen sollten Sie ganz ehrlich mit ja beantworten können, wenn Sie sich einen Hund anschaffen wollen. Jeder Züchter überlässt Ihnen seinen gezüchteten Welpen in dem Glauben, dass Sie sich genau diese Fragen gestellt haben und sie mit ja beantwortet haben.

KOSTEN

Die Anschaffungskosten eines Beagle-Welpen mit einer VDH / FCI-Ahnentafel sind der geringste Teil aller Kosten, die im Laufe eines Beagle-Lebens auf Sie zukommen. Es kommen die Grundausstattungen, Futter, Krankenversicherung, Haftpflichtversicherung für die nächsten hoffentlich 15 Jahre dazu.
Ich möchte Ihnen einen kleinen Einblick geben, welche Kosten wir BCD e.V.- Züchter bereit sind, auf uns zu nehmen, um für Sie einen reinrassigen Beagle mit all seinen tollen Eigenschaften zu züchten. Wir kaufen uns erst einmal einen Welpen. Futterkosten, Haftpflichtversicherung, Krankenversicherung, Hundesteuer, Impfen, das Röntgen der Hüfte und die Auswertung der Röntgen-Aufnahme (die Aufnahme wird von einem Tierarzt bewertet, der vom VDH als Auswerter zugelassen ist), alle erforderlichen Gen-Tests, Hundeausstellung, Zuchtzulassungsprüfung und der nötige Umbau der Zuchtstätte sind Grundvoraussetzung, um mit dem Beagle im BCD züchten zu können. Die vielen anderen Dinge, die ein BCD e. V.-Züchter erfüllen muss, würden an dieser Stelle den Rahmen sprengen. Mir ist es an dieser Stelle wichtig, Ihnen aufzuzeigen, wie sehr uns die Rasse Beagle am Herzen liegt und dass wir keine Kosten und Mühen scheuen, sie zu schützen und zu erhalten.

VORBEREITUNG

Vom Züchter bekommen Sie meist eine Liste, was so ein kleiner Welpe alles braucht. Mit der großen Liste startet man die Shoppingtour. Es macht wirklich viel Spaß. Wenn in Ihrer Nähe eine große Hundeausstellung stattfindet, lohnt es sich, dort alles einzukaufen. Die Auswahl ist unglaublich groß und die Preise moderat.

FRAGEN VOR DER ANSCHAFFUNG

Interessiert man sich für einen Beagle, stellen sich im Vorfeld viele Fragen. Hier möchte ich Ihnen einige davon, die mir oft gestellt werden, beantworten. Es gibt einige Aspekte, die zu beachten sind.

Informieren Sie sich über die Bedürfnisse Ihres neuen Mitbewohners!

ZÜCHTEN SIE DIE JAGDLICHE LINIE?

Wenn man es genau nimmt gibt es keine nicht jagdliche Linie. Jeder Beagle wird irgendwann anfangen, einer Spur zu folgen, weil er seit mehreren 100 Jahren als Jagdhund gezüchtet wurde. Jeder Beagle sollte die Fähigkeit haben, ohne Anleitung spurlaut (laut bellend) einer Wildfährte zu folgen. Jedes Wildtier flüchtet, wenn es einen Beagle schon von Weitem spurlaut jagen hört. Züchter haben die Aufgabe, die rassetypischen Anlagen zu erhalten. Dazu gehört auch der Spurlaut.

WIE GROSS WERDEN IHRE BEAGLE?

Die Größe der Beagle ist im FCI Rassestandard Gruppe 6 Laufhunde festgelegt. In deutscher Sprache von Herrn Jochen Eberhard aus dem Englischen übersetzt. Wünschenswert ist eine Größe von 33 – 40 cm.

WELCHE FARBE HAT EIN BEAGLE?

Ich sage immer: „Ein Beagle hat keine Farbe.“ Es sind alle Farben bis auf „Leber-Liver“ (Schoko-braun) erlaubt. Auch die Zeichnung spielt keine Rolle. So ist jeder Beagle einzigartig und unverwechselbar (s. S. 8).

RÜDE ODER HÜNDIN?

Folgende Fragen werden dem Züchter sehr oft gestellt:

- Welches Geschlecht lässt sich leichter erziehen?
- Welches Geschlecht ist dominanter?
- Welches Geschlecht ist anhänglicher?
- Welches Geschlecht schmust mehr?
- Welches Geschlecht markiert mehr?
- Welches Geschlecht wird größer und schwerer?
- Welches Geschlecht verträgt sich am besten mit anderen Hunden?

Lassen Sie Ihr Herz entscheiden!

Viele Menschen sind der Meinung, ein Rüde sei dominant und brauche eine feste Hand. Eine Hündin sei dagegen leichter zu erziehen und verschmuster. Aus meiner Erfahrung kann ich Ihnen sagen, dass man das Wesen eines Beagle nicht an seinem Geschlecht festmachen kann.
Bei beiderlei Geschlecht gibt es Draufgänger und welche, die zurückhaltend und vorsichtig sind.
Auf liebevolle Konsequenz, viel Lob, Streicheleinheiten und Leckerli reagiert jeder Welpe positiv.
Es gibt Rassen, da kann man ganz klare geschlechtsspezifische Unterschiede feststellen. Beim Beagle ist das nicht so. In unserer Familie leben seit mehreren Jahrzehnten immer beiderlei Geschlechter zusammen. Wir hatten schon dominante Hündinnen, anhängliche Rüden, kleinere Rüden als Hündinnen und umgekehrt.
Es gibt Hundehalter, die können besser mit Rüden umgehen und andere besser mit Hündinnen. Falls Ihr Zaunnachbar schon einen Hund hat, würde ich Ihnen zum gleichen Geschlecht raten. Ein Beagle ist anderen Rassen gegenüber immer freundlich und ohne Aggression. Auf eines konnte ich mich bei meinen Beagles immer verlassen: sie waren immer unglaublich liebenswert, führig und gehorsam. Wichtig ist, dass Sie vom ersten Tag an eine enge Beziehung zu Ihrem Beagle aufbauen.

WELPE ODER ÄLTERER BEAGLE?

Einen älteren erzogenen Beagle zu bekommen, kommt selten vor. Manchmal muss sich ein Beagle-Besitzer von einem Beagle trennen. Die Gründe sind von unterschiedlicher Natur. Wenn Sie den Besitzer oder Züchter gut kennen und Sie ihm vertrauen, spricht grundsätzlich nichts dagegen.
In der Regel bekommen Sie vom dem Besitzer oder Züchter eine „Bedienungsanleitung“ mit auf den Weg und Sie können sich möglicherweise Rat einholen, falls Sie ihn brauchen. Der große Vorteil ist die Tatsache, dass der Beagle in der Regel gut erzogen ist. Bei allen Freizeitaktivitäten können Sie Ihren neuen Freund mit einbeziehen, da er aus dem Welpenalter herausgewachsen ist.
Die Welpenzeit zu erleben, ist natürlich wunderbar. Man sieht ihn aufwachsen und erlebt seine Entwicklungsschritte.
Wenn Sie sich für einen Beagle entscheiden, egal welches Alter und der Funke springt über, dann ist es Ihr Beagle. Sie werden es bestimmt nicht bereuen.

Bei manchen Züchtern hilft ein Rüde bei der Erziehung.

BEAGLE VOM ZÜCHTER

Der Beagle Club Deutschland e.V. ist (Stand 2023) der einzige zuchtbuchführende Verein Deutschlands. Er wurde 1972 gegründet und ist dem VDH, FCI und JGHV angeschlossen. Seit dieser Zeit sind alle zuchtrelevanten Daten im Zuchtbuch aufgeführt. Die Aufgabe des Vereins ist es, die Rasse Beagle zu schützen und zu erhalten.

Züchter, die im BCD e.V. züchten möchten, verpflichten sich, zum Wohl der Rasse Beagle zu züchten. Jeder Züchter, der unter dem BCD e.V. züchten möchte, muss die Zuchtordnung des BCD e.V. kennen und sich daran halten. Unter anderem muss er eine vom BCD e.V. vorgeschriebene Züchterprüfung erfolgreich bestehen. Die Prüfung wird von einem Zuchtwart abgenommen, der auch die Zuchtstätte und das Zuchtgeschehen bei dem von ihm zu betreuenden Züchter kontrolliert.
Auf der Homepage des Beagle Club Deutschland e.V. finden Sie alle Informationen.
Viele werden sich fragen, was ein Zuchtbuch ist. In einem Zuchtbuch sind alle Züchter des Beagle Club Deutschland e.V. aufgeführt. Jeder Züchter hat für seine Beagle-Zucht einen sogenannten vom Dachverband FCI international geschützten Zwingernamen. Alle Welpen, die bei dem Züchter geworfen werden, bekommen einen Eintrag unter diesem Namen. Jeder Wurf erhält fortlaufend alphabetisch seinen Namen.
Nicht zu vergessen sind alle Züchter weltweit, die unter dem Dachverband FCI züchten. Alle Welpen mit einer FCI-Ahnentafel, egal aus welchem Land, sind nach dem FCI Rassestandard gezüchtet und in Deutschland anerkannt.

DARAUF SOLLTE MAN ACHTEN

Auf der Homepage des Züchters erfahren Sie in der Regel schon recht viel. Achten Sie bitte unabhängig, wo Sie weltweit einen Beagle erwerben, darauf, dass der Züchter dem FCI angeschlossen ist. Auf seiner Homepage sehen Sie das VDH/FCI-Logo. Die erste Kontaktaufnahme wird eine E-Mailanfrage sein. Danach folgt meistens ein Telefongespräch. Dabei können Sie dem Züchter die Fragen stellen, die Ihnen wichtig sind. Einige Züchter laden Sie schon ein, bevor die Welpen geboren sind. Andere erst, wenn die Welpen vier Wochen alt sind. Finger weg von Hundehändlern, Züchtern, die Welpen in Ställen aufziehen und bei denen man das Muttertier nicht sehen kann. Hunde, die aus dem Ausland kommen, werden oft unter katastrophalen Bedingungen vermehrt. Indem Sie dort aus Mitleid einen Welpen erwerben, fördern Sie den Hundehandel.

AUSWAHL DES ZÜCHTERS

Wenn Sie den Züchter besuchen, haben Sie bestimmt die Möglichkeit, sich alle im Haus lebenden Beagle anzuschauen. Stellen Sie sich darauf ein, dass Sie von allen Beagle freundlich angesprungen und begrüßt werden. Manchmal auch mit überschwänglichem Gebell. Menschenscheue Beagle sind ungewöhnlich. Jeans und lockeres Outfit ist die beste Wahl. Ein langjähriger Züchter hat meist mehrere Generationen Beagle. So können Sie sehr schön sehen, welchen Typ Beagle er züchtet. Sie sollten alle gepflegt und weder zu dick noch zu dünn sein, körperlich dem Alter entsprechend durchtrainiert sein und glänzendes Fell haben. Die Fragen, die Sie ihm stellen, sollte er beantworten können und Ihnen Hilfe anbieten, falls Sie sie benötigen. Fühlen Sie sich bei dem Züchter gut aufgehoben und vertrauen Sie ihm, ist der erste Schritt schon gemacht. Denken Sie immer daran, dass sich ein guter Züchter auch seine Welpenkäufer gewissenhaft aussucht. Beiderseitige Sympathie und Vertrauen sind die Grundvoraussetzungen.

DIE QUAL DER WAHL

Sie haben sich im Internet über den Züchter Ihrer Wahl informiert. Bei einem persönlichen Gespräch haben Sie einen Termin zum Welpenanschauen vereinbart. Natürlich sind Sie aufgeregt und haben schon eine Vorstellung, wie der kleine Beagle aussehen soll. Aus meiner Erfahrung kann ich Ihnen nur empfehlen, den Züchter ohne eine feste Meinung über Farbe und Geschlecht zu besuchen. Oft hatten meine Welpenkäufer eine feste Vorstellung über Geschlecht und Farbe. Sie möchten zum Beispiel einen Rüden tricolour. Wenn Sie dann die schönen bunten Beagle-Welpen sehen, ist Ihnen die Farbe völlig egal. Ihre Entscheidung fällt dann Ihr Herz. So soll es sein.
Lassen Sie sich Zeit und nehmen Sie den Rat Ihres Züchters an. Er kennt seine Welpen. Für Sie ist die Zeit während des Besuchs nur eine Momentaufnahme.

Vom Züchter bekommt jeder neue Besitzer: Ahnentafel, EU- Impfausweis, Wurfabnahmebericht und Kaufvertrag.

NUR AUS BESTEM HAUS

Wenn es Ihr größter Wunsch ist, einen Beagle zu besitzen, wenden Sie sich an den Beagle Club Deutschland e.V. Dort finden Sie Listen von den zu erwartenden Würfen und eine Liste mit geworfenen Würfen.

Auf diesem Weg bekommen Sie einen reinrassigen Beagle mit all seinen rassetypischen Eigenschaften. Mit einer FCI- Ahnentafel, die jeder FCI Züchter seinen Beaglekäufern aushändigt, können Sie an allen Aktivitäten des VDH-Vereine teilnehmen. Alle Welpen mit einer FCI-Ahnentafel, egal aus welchem Land, sind nach dem FCI Rassestandard gezüchtet und in Deutschland anerkannt.

UNSERIÖSE ZÜCHTER

Einige von Ihnen haben bestimmt schon auf eine Anzeige hin Züchter besucht und vielleicht aus Mitleid oder aus finanziellen Gründen einen Beagle-Welpen gekauft. Oft ist der Beagle vom BCD teurer als von einem Hundezüchter, der kein Mitglied im VDH ist. Der Anschaffungspreis ist im Laufe eines Beagle-Lebens allerdings der geringste Kostenpunkt. Die Ahnentafeln und Impfausweise, die Ihnen bei unseriösen Züchtern ausgehändigt werden, könnten oftmals nicht korrekt sein. Denken Sie bitte immer daran, solange diese Menschen ihre Welpen verkaufen können, werden sich die Zuchtbedingungen für die armen Tiere nicht ändern. Sie unterstützten sie durch Ihren Kauf.

Im Gegensatz zu früher hat man heute das große Glück, sich mithilfe der Medien zu informieren. Nur aus wesensfesten Zuchthunden und einer liebevolle Aufzucht der Beagle-Welpen werden typische Beagle, die ihren Familien nur Freude bringen.

Des Züchters größte Freude ist ein gesunder Wurf Welpen.

Der neugierige Welpe findet alles interessant und versucht, überallhin zu gelangen.

HAUS UND GARTEN SICHERN

Um einen Garten und eine Wohnung beaglesicher zu machen, ist das Anlegen einer Liste ganz hilfreich. Dabei ist der Einfallsreichtum eines Beagles nicht zu unterschätzen.

Wenn er mit neun Wochen bei Ihnen einzieht, ist er unglaublich neugierig und interessiert sich für alles. In den ersten Wochen konzentriert sich seine Neugier auf alles, was auf dem Boden liegt. Dazu gehören Kabel, Schuhe, Blumentöpfe und Teppiche. Bis der Welpe stubenrein ist, empfiehlt es sich, alle Teppiche zu entfernen. Alle Gegenstände, an denen er sich verletzen kann, gehören auch dazu. Alles wird mit dem Maul untersucht.

Eine große Hilfe in der Erziehung Ihres Welpen ist eine Gitterbox. Das hört sich erst einmal schrecklich an. Der kleine Welpe soll nicht stundenlang in der Box eingesperrt werden. Sie ist als Rückzugsort und sicherer Schlafplatz gedacht. Die Box hat eine zu öffnende Tür, die man bei Bedarf schließen kann. Es gibt Momente, da findet der kleine Welpe einfach keine Ruhe. Oft sind die Augen vor Übermüdung schon ganz rot, der kleine Beagle fängt an, seine Rute zu jagen. Sobald er dann in seiner Box liegt, schläft er sofort für einige Stunden tief und fest. Kindertürgitter eignen sich perfekt, um vorhandene Treppen abzusichern. Bis zu einem Alter von einem Jahr sollte der Beagle keine Treppen steigen.

Wenn er größer wird, richtet sich sein Augenmerk auf alle Dinge, die er durch Hochspringen erreichen kann. Alles, was er mit seinem Maul apportieren kann, findet man in seinem Körbchen.

Wenn mit 12 Wochen die Zahnung beginnt, hat er einen verstärkten Kautrieb. Durch entsprechende Kauartikel erleichtern Sie ihm die Zahnung. Dazu gehören Stofftaue, Quietschtiere, harte Hundekuchen und alles, worauf er bedenkenlos kauen kann, ohne sich zu verletzen. Nicht splitternde Holzstücke wie z. B. Kaffeeholz im Fachhandel.

Auf eine gute Umzäunung des Gartens sollten Sie besonders Wert legen.

Manchmal reicht das Anstellen der Stühle an den Tisch nicht aus. Wenn er möchte und es zu verlockend duftet, kann Ihr Beagle auch aus dem Stand auf den Tisch springen. Ich konnte mir so etwas auch nicht vorstellen, aber ich wurde eines Besseren belehrt. Mit eigenen Augen habe ich gesehen, wie einer meiner Beagle aus dem Stand auf den Tisch gesprungen ist. Es war kein Dauerzustand, keine Sorge. Er hat sich dabei keine Verletzung zugezogen. Das war in dem Moment meine größte Sorge. Seit der Zeit räumt meine ganze Familie reflexartig den Esstisch ab. Wie Sie sehen können, hat alles auch seine guten Seiten. Es ist ausgesprochen wichtig, dass der Garten ausbruchsicher eingezäunt ist. Jeder Welpe kann sich durch die kleinsten Löcher und schmalsten Schlitze durchzwängen, wenn er etwas Interessantes riecht. Ein gut befestigter Zaun von mindestens 1,20 Meter Höhe ist unbedingt nötig. Vergessen Sie bitte nicht, den Zaun 15 cm im Boden zu versenken. Jeder junge Hund gräbt gerne Löcher. Auch, um sich mal unter einem Zaun hindurchzuzwängen. In der Regel lässt man seinen Beagle nicht alleine im Garten. So hat er auch keine Langeweile und kommt nicht auf dumme Gedanken.

Checkliste

DIE SICHERE UMGEBUNG

Mit dieser Checkliste kann man jedes Zimmer auf seine Welpensicherheit kontrollieren.

- ☐ Türgitter einbauen (Treppen)
- ☐ Kabel in einem Kabeltunnel sichern
- ☐ Teppiche entfernen
- ☐ Außer Hundespielzeug alles vom Boden entfernen
- ☐ Dekorationen, die Ihr Welpe erreichen könnte, sollten Sie für einige Zeit entfernen.
- ☐ Giftige Blumen gehören nicht in einen Hundehaushalt.
- ☐ Hydrokulturen hochstellen. In Blumentöpfen, die auf dem Boden stehen, kann man ganz toll buddeln und auch Kauknochen verstecken.
- ☐ Fernbedienung und Lesebrille nicht auf dem Tisch liegen lassen. Gerne werden diese zur Beute und landen im Körbchen.
- ☐ Einkaufstasche mit leckeren Lebensmitteln nicht unbeaufsichtigt lassen.
- ☐ Immer die Stühle an den Tisch schieben.

Der Welpe bringt nicht nur ganz viel Freude ins Haus, sondern auch eine große Portion Verantwortung.

BEHÖRDEN, TIERARZT & CO

In Deutschland ist jeder Hundehalter verpflichtet, seinen Hund in seiner Stadt beim Hundesteueramt anzumelden. Auf der Homepage der jeweiligen Stadt finden Sie das benötigte Formular und die Höhe der zu entrichtenden Hundesteuer. Sie ist von Stadt zu Stadt unterschiedlich hoch.

Erkundigen Sie sich, bevor Ihr Beagle-Welpe bei Ihnen einzieht, nach einem Tierarzt ganz in Ihrer Nähe. Sie sollten auch in Erfahrung bringen, ob Ihr Tierarzt eine Wochenendnotfall-Sprechstunde anbietet. Ein eigenes Labor für eine schnelle Blutuntersuchung ist auch wichtig. Leider haben sich die Öffnungszeiten in den Jahren sehr verändert. Früher konnte man seinen Tierarzt im Notfall Tag und Nacht erreichen. Das ist heute nicht mehr der Fall. Auch sind Tierkliniken nicht in jeder Stadt zu finden. Eine Liste mit allen wichtigen Telefonnummern hilft einem im Notfall sehr und spart viel Zeit. Nutzen Sie die Erfahrung Ihres Tierarztes und fragen ihn nach einer Tierklinik für den Notfall. Auch Gespräche mit Hundebesitzern können bei der Suche nach einer Tierklinik für den Notfall hilfreich sein. Von deren Erfahrungen können Sie profitieren und der Austausch erspart Ihnen unter Umständen negative Erlebnisse. All diese Adressen schreiben Sie am besten auf Ihre Liste.

entscheiden, welche Versicherung für Sie passend ist. Fragen Sie auch andere Hundebesitzer. Im Wartezimmer Ihres Tierarztes bietet sich eine gute Möglichkeit.

HUNDEPENSION?

Für den Fall, dass Ihre Familie oder Freunde im Notfall die Betreuung Ihres Beagles nicht übernehmen können, wäre eine Hundepension eine Alternative. Erkundigen Sie sich früh genug und schauen sich einige an. Es immer gut, vorbereitet zu sein. In manchen Städten gibt es auch Menschen, die mit Hunden spazieren gehen. Ein nützlicher Dienst, wenn alle stark eingebunden oder verhindert sind und keiner die Möglichkeit hat, dem Hund genug Auslauf zu ermöglichen.

VERSICHERUNG

Eine Hundehaftpflichtversicherung ist ratsam und erspart Ihnen im Schadensfall viel Ärger. Sie ersetzt den Schaden, den Ihr Beagle vielleicht mal anrichtet. Ein Beispiel: Ein Autofahrer fragt Sie nach einer Straße und Sie möchten ihm helfen. Ihr Beagle ist so freundlich, springt an dem Auto hoch und zerkratzt dabei den Lack. Nun können Sie beruhigt ihre Versicherung in Anspruch nehmen. In vielen Hotels erleichtert es auch die Buchung eines Zimmers oder einer Ferienwohnung, wenn Sie eine Hundehaftpflichtversicherung vorweisen können. Nun zur Hundekrankenversicherung, die bei den steigenden Tierarzthonoraren schon eine Überlegung wert ist. Viele Versicherungen bieten verschiedene Modelle und zu unterschiedlichen Beiträgen an. Sie können sich vorher erkundigen und dann

Ihr Herz wird der neue Mitbewohner im Nu für sich gewinnen.

Beim Abholen des Welpen erhalten die neuen Besitzer alle Papiere.

DER BEAGLE ALS ZWEITHUND

Der Beagle ist als Zweithund bestens geeignet. Er ist, wie Sie schon gelesen haben, sehr sozialverträglich und genießt den Kontakt mit Seinesgleichen. Von Vorteil ist es, wenn beide Hunde die gleichen rassespezifischen Eigenschaften aufweisen.

Wenn Sie sich erst einmal für einen Beagle entschieden haben, bleibt es oftmals nicht bei dem einem Beagle. Nach einiger Zeit, wenn die Grunderziehung Ihres Beagles abgeschlossen ist, zieht oft ein zweiter Beagle ein. Wie man unter Beagle Leuten sagt: Ein Beagle kommt selten allein. Natürlich ist auch eine andere Jagdhunderasse empfehlenswert.

Wenn Sie sich für einen Zweithund entscheiden, sollten Sie auch viel Zeit mit ihm alleine einberechnen. Ihr Beagle als Zweithund braucht genau so viel Zeit, Erziehung und eigene Erfahrung wie Ihr älterer Hund. Damit ist gemeint, dass er jeden Tag einen kleinen Spaziergang alleine machen muss. Dann lernt er, sich auf sich selbst zu verlassen und eigenständig mit allen neuen Din-

Der Beagle ist ein geselliger Hund und wird sich über einen weiteren Beagle freuen.

gen fertig zu werden. Oft wird dieser wichtige Punkt in der Erziehung nicht so wichtig genommen. So kann es passieren, dass Sie sich über das unsichere Verhalten Ihres jungen Beagle wundern, wenn Sie einmal ohne seinen älteren Freund spazieren gehen wollen. Auch ich hatte schon solch eine Situation. Mein älterer Beagle hat das nie gemacht. Er war immer ganz aufgeschlossen. Was habe ich diesmal anders gemacht, war die Frage, die ich mir gestellt habe. Die Antwort lag auf der Hand: Ich bin immer mit beiden Beagle zusammen gegangen, auch die zu Anfang kurzen Spaziergänge.

Mit seinem Freund fühlt er sich der Jüngere sicher. Ein Welpe kann und darf nicht so lange spazieren gehen. Man sagt als Formel 5 Minuten pro Lebensmonat. Das braucht natürlich alles seine Zeit und klappt nicht sofort. Manche Welpen haben kein Problem damit, alleine zu sein, andere jaulen und bellen. Mit kleinen Lernschritten kommt man sicher an sein Ziel. Man braucht Geduld und Zeit. Alles, was der kleine Welpe früh lernt, lernt er für sein Leben.

Kann Ihr erster Hund die von Ihnen gegebenen Kommandos schon recht gut, erleichtert das natürlich die Erziehung ungemein. Der Beagle lernt sehr schnell durch Beobachtung. Wenn nicht, ist es auch kein Problem. Der Beagle wird in punkto Erziehung mit dem älteren wetteifern. Leckereien wirken oft Wunder.

STUBENREINHEIT

Wie bekomme ich meinen Beagle Welpen stubenrein? Diese Frage stellen sich viele Welpenkäufer und werden oft von anderen Hundehaltern verunsichert.

In Gesprächen erfährt er, dass es Welpen gibt, die sofort sauber waren. Das sind natürlich Ammenmärchen.
Jeder Beagle Welpe hat eine kleine Blase. Sie muss nach dem Schlafen, Fressen und nach dem Trinken entleert werden. Häufig auch während des Spielens. In der Regel ist das alle 2 Stunden. Beim Züchter hatte er dazu meistens freien Zugang in den Garten. Oft braucht es etwas mehr Zeit, wenn Sie Kinder oder mehrere Beagle haben. Der Welpe ist so sehr mit dem Spielen beschäf-

Freier Zugang zum Garten hilft den Kleinen zu lernen, dass das Geschäft draußen zu erledigten ist.

Generell gilt: Nach dem Schlafen, Spielen und Fressen Gelegenheit zum Lösen geben!

tigt, dass er alles andere vergisst. Genauso verhält es sich, wenn Sie mit ihm im Garten sind. Die vielen Gerüche und Geräusche lenken den kleinen Beagle Welpen schnell ab. Es hilft ihm, wenn Sie den Toilettengang mit einem Wort verknüpfen. Zum Beispiel: „Mach Pipi!“ Wenn er erfolgreich war: Loben! Wenn es in der Wohnung passiert, bitte nicht schimpfen. Entfernen Sie die Pfütze ohne Kommentar. Es dauert eine Weile, bis Sie seine Sprache verstehen. Jeder Welpe zeigt sein dringendes Bedürfnis auf seine Art an. Manche Welpen springen an einem hoch, andere laufen zur Tür, andere schauen nur ganz intensiv und andere jaulen. Wie Sie sehen, gibt es viele Möglichkeiten, sich zu verständigen.

Wenn er intensiv schnüffelt, der After etwas nach außen gewölbt ist und er sich im Kreis dreht, sollten Sie ihn hochnehmen und ihn sofort nach draußen bringen. Nachdem er sich erfolgreich entleert hat, folgt ein deutliches Lob.

Um Ihren Beagle Welpen erfolgreich stubenrein zu bekommen, ist die genaue Beobachtung und schnelle Reaktion der Schlüssel zum Erfolg. Erst einmal in Ruhe seine Schuhe anziehen, kann schon zu spät sein. Um sich den Erfolgsdruck zu nehmen ist eine Hundetoilette ganz in der Nähe seines Schlafplatzes eine gute Alternative. Die meisten Züchter haben eine Hundetoilette für ihre Welpen. Sie lernen dort schon, dass es einen bestimmten Platz gibt, um sich zu entleeren. Bei sehr schlechtem Wetter oder in der Nacht bietet sich diese Möglichkeit an. Haben Sie keine Angst, der Beagle Welpe wird sie nicht lange benutzen. Hat er ein gewisses Alter, ca. zwölf Wochen, wird er nur noch in den Garten gehen wollen.

Mit Ruhe gewöhnen Sie Ihren Welpen daran, sich mit Ihnen im Straßenverkehr gefahrlos zu bewegen.

ERSTE AUSFLÜGE

Wenn Ihr kleiner Beagle mit neun Wochen bei Ihnen einzieht, hat er erst die Acht-Wochen-Schutzimpfung erhalten. Der komplette sichere Impfschutz ist allerdings erst mit der zwölften Woche (je nach Impfstoffhersteller sechzehnte. Woche) aufgebaut.

Aus diesem Grund ist es ratsam, mit den ersten kleinen Ausflügen nach der dreizehnten Woche zu starten. Es werden immer wieder Welpen aus ungeklärten Quellen verkauft, die nicht geimpft und entwurmt wurden. Oft sind sie Überträger von Parvovirose und Staupe.
Vor vielen Jahren habe ich einen 14 Wochen alten Welpen aus meiner Zucht für einige Tage in Pflege genommen. Den Impfausweis habe ich mir nicht zeigen lassen und der Aussage des Welpenkäufers vertraut, dass er mit dem Welpen nur im Garten war. Dieser kleine Welpe erhielt nicht die Zwölf-Wochen-Impfung. Das hatte mir der Welpenkäufer verschwiegen. Am folgenden Tag hatte die kleine Hündin blutigen Durchfall, der unvergesslich gerochen hat. Mein Tierarzt diagnostizierte nach einem Schnelltest Parvovirose. Trotz aller Bemühungen verstarb sie nach drei Tagen. In dieser Zeit steckte sie zwei meiner jungen Beagle an. Sie waren zwar geimpft, hatten aber einen direkten Kontakt mit dem Erreger. Nur eine hat es überlebt. Sie hat tagelang Infusionen bekommen und um ihr Leben gekämpft. So eine Erfahrung wünsche ich niemandem. Nie werde ich diesen speziellen Kotgeruch vergessen. Seit der Zeit bin ich vorsichtiger geworden und weise meine Welpenkäufer darauf hin, dass die Grundimmunisierung Leben schützt. Meine erwachsenen geimpften Beagle sind damals nicht erkrankt.

Nutzen Sie die Zeit bis zu den Ausflügen und trainieren im Garten ohne Leine bei Fuß gehen und den Rückruf. Sie werden merken, wie hilfreich das ist.
Hat Ihr Welpe die nötigen Impfungen erhalten, können Sie mit kleinen Spaziergängen starten. Fangen Sie mit kleinen Schritten an. Eine Faustregel sagt: Fünf Minuten pro Lebensmonat. Es ist sehr aufregend für den kleinen Beagle. Mit der Zeit können Sie die Ausflüge ausdehnen. Wenn er nach dem Spaziergang nach Hause kommt, kann es vorkommen, dass er wie verrückt durch die Wohnung rennt. Lassen Sie ihn einige Minuten rennen und spielen. Danach legen Sie ihn in die Box zum Schlafen. Ihre Kinder werden es verstehen, dass ein kleiner Welpe schlafen muss. Auch Ihre Kinder freuen sich über ein großes Lob für ihre Rücksichtnahme. Bis zu einem Jahr sollte der Spaziergang nicht länger als eine Stunde dauern. Sie werden immer wieder gelesen haben, dass der Beagle 2-3 Stunden Auslauf braucht. Damit ist ein erwachsener Beagle ab einem Alter von 15 Monaten gemeint. Bitte überfordern Sie Ihren jungen Beagle nicht. Denken Sie bitte daran, dass Ihr kleiner Hund immer mit Ihnen mitläuft. Er will Sie nicht verlieren, also wird er bis zur Erschöpfung hinter Ihnen herlaufen. Passen Sie bitte die Ausflüge seinem Alter an. So wird er später keine Knochen- oder Gelenkprobleme bekommen.

ABWECHSLUNG EINBAUEN

Gestalten Sie die Ausflüge interessant. Lassen Sie ihn etwas erschnüffeln oder apportieren. Das klappt ganz gut mit seinem Lieblingsspielzeug. Nehmen Sie es mit und werfen es zu Anfang nur 50 cm weit. Wenn der Welpe es bringt, loben Sie ihn. Danach lassen Sie ihn wieder entspannt die Umwelt erschnüffeln. Je intensiver er seine Nase benutzt, um so schneller wird er müde. Natürlich sind die Spaziergänge und die sozialen Hundekontakte auf der Straße und auf dem Hundeplatz wichtig.
Bitte vergessen Sie dabei nicht, dass Ihr Beagle-Welpe bis zu einem Jahr sehr viel Schlaf braucht, um zu einem ausgeglichenen Beagle zu werden. Zu wenig Schlaf und zu wenig Futter machen ihn zu einem nervösen und unausgeglichenen Beagle-Partner. Geben Sie ihm die Möglichkeit, in seiner Box ungestört zu schlafen. Dabei kann er die erlernten Dinge viel besser verarbeiten.
Es kommt schon mal vor, dass mich Welpenkäufer um Rat fragen, weil ihr Welpe auf einmal nicht mehr fressen will. In den meisten Fällen liegt es daran, dass er überfordert ist. Es sind so viele Eindrücke und Erlebnisse auf den kleinen Beagle eingestürzt. Man hat es gut gemeint, war in der Hundeschule, auf der Hundespielwiese und hat noch im Garten trainiert. Dabei aber vergessen, dass der junge Beagle noch viel Schlaf und Futter braucht. Er war einfach nur überdreht. Gemeinsam mit den Besitzern haben wir einen Beschäftigungs- und Futterplan erarbeitet. Nach kurzer Zeit war alles behoben.

AUF EINEN BLICK

- Informieren Sie sich über die Rasseeigenschaften des Beagles und machen Sie sich die acht Fragen bewusst
- Wenn es ein Welpe sein soll, dann wählen Sie einen Züchter aus dem BDC e.V., unterstützen Sie keine Vermehrer!
- Sichern Sie Ihr Haus und Ihren Garten und machen es welpensicher.
- Trainieren Sie mit Geduld die Stubenreinheit und unternehmen Sie ab der 13. Woche kleine Ausflüge.

RUNDUM GUT VERSORGT

— gesunde Ernährung und Pflege

Mithilfe der Futterbox kann ich als Züchterin kontrollieren, wieviel jeder Welpe frisst.

DAS FUTTER FÜR DEN BEAGLE

Die Fütterung eines Welpen ist von großer Bedeutung und der Grundstein für Gesundheit, ein langes Leben, Wachstum und Wohlbefinden.

Es kann schon mal vorkommen, dass ein Welpe in seiner neuen Familie nicht so gut frisst und immer nur schnüffelnd oder spielend im Zimmer umherläuft. Er ist abgelenkt und findet alles andere interessanter. Es ist kein anderer Beagle in der Nähe, der ihm das Futter streitig macht. Damit es den Welpen nicht so schwerfällt, im neuen Zuhause ohne Futterneid zu fressen, benutze ich für meine Welpen eine Futterbox. Jeder Welpe hat dort seinen eigenen Napf. Der große Vorteil ist dabei, dass ich genau kontrollieren kann, wieviel jeder Welpe frisst. Durch den hohen Rand des Gefäßes kann der Welpe seinen Nachbarwelpe nicht sehen und wird auch nicht von ihm bedrängt. So kann er seine Portion in Ruhe unter meiner Aufsicht fressen. Selbstverständlich versuchen sie zu Anfang, untereinander das Futter zu klauen. Ich setze sie dann wieder an ihren Napf. Frisst der Welpe dann wieder, streichele ich ihn aufmunternd. Das klappt immer sehr gut. An dieses Futterritual können Sie anknüpfen oder es einführen.

ERNÄHRUNG WÄHREND DES WACHSTUMS

Zur Zeit des Wachstums braucht der Welpe viel Energie. Man muss sich einmal Folgendes vorstellen: Sie bekommen Ihren kleinen Beagle mit frühestens 9 Wochen. In der Regel wiegt er dann zwischen 3500 g und 4000 g. Nach 10 Monaten sollte er ca. 15 kg wiegen. Diese große Gewichtszunahme bedarf einer hohen Energiezufuhr.
Es ist eine große Hilfe für Sie, wenn Sie Ihren Beagle-Welpen einmal pro Woche

wiegen. Er sollte ständig zunehmen. So können Sie bei Bedarf die Futtermenge erhöhen. Ein Beagle-Welpe fängt meist schon mit 13 Wochen an, die Milchzähne zu verlieren. Bei jedem Lebewesen treten in der Zeit schon mal kleine Zahnungsprobleme auf. Darunter versteht man, dass er alles annagen will, mehr schläft, schlecht frisst oder auch Durchfall bekommt.
An dieser Stelle noch ein kleiner Hinweis: Bitte kontrollieren Sie in dieser Zeit die Zähne Ihres Beagle. Es kommt manchmal vor, dass die vier Reißzähne doppelt stehen, weil die Milchzähne nicht ausfallen. Falls so eine Situation eintritt, lassen Sie bitte die Milchzähne ziehen. Damit ist dann der Grundstein zu einem korrekten Gebiss gelegt.
Es empfiehlt sich den Welpen bis zur 16. Woche viermal täglich zu füttern. Ab dem 4. Monat bis 6. Monat sollte man weiterhin dreimal täglich füttern und ab dem 6. Monat 2 x täglich. Das sollte man beibehalten.

ERNÄHRUNG AB SECHS MONATEN

Nun ist Ihr Beagle zu einem Junghund herangewachsen. Es kommt langsam die Zeit der Futterumstellung von Welpenfutter auf Erwachsenenfutter. Halten Sie sich am besten an die Empfehlungen des jeweiligen Futtermittelherstellers.
Da der Bewegungsdrang bei einem 6 Monate alten Beagle schon stärker ausgeprägt ist, empfiehlt es sich im einzelnen Fall, die Futtermenge zu erhöhen. Wie schon erwähnt, sollte Ihr Beagle mit 10 Monaten ungefähr 15 kg wiegen. Da Sie Ihren Beagle immer um sich haben, kann es möglicherweise passieren, dass Ihnen die fehlende Gewichtszunahme erst einmal nicht auffällt. Um das zu vermeiden, hilft Ihnen die Kontrolle beim wöchentlichen Wiegen. Sie sollten die Rippen nicht sehen können und die untere Bauchdecke sollte fast gerade verlaufen.

Ein Beagle-Welpe darf ab der achten Woche ruhig etwas moppelig erscheinen.

Ein Beagle sollte, bis er ausgewachsen ist, nie schlank sein. Wenn Sie darauf achten, wird sich Ihr Beagle zu einem kompakten, aber nicht plump wirkenden Hund entwickeln.
In den Jahren meiner Zucht habe ich schon viele Beagle aufgezogen. Bei jedem einzelnen war ich erstaunt, wieviel Futter sie benötigen, um sich gesund zu entwickeln. Abends habe ich sie gefüttert und ihre Figur war zufriedenstellend. Am nächsten Morgen war ich erstaunt, wie schlank sie waren. Also habe ich die Futtermenge wieder erhöht. Bei meinen Rüden musste ich feststellen, dass sie zeitweise die dreifache Menge eines erwachsenen Rüden benötigten, um genügend Muskulatur aufzubauen. Leider muss man als Züchter in der heutigen Zeit die Welpenkäufer ganz eindringlich darauf aufmerksam machen, ihrem jungen Beagle mehr Futter zu geben. Wenn Ihr Beagle satt ist, dann ist er ausgeglichen und zufrieden.
Im Alter von ungefähr 15 Monaten kann man auf sein Gewicht achten. Die Rippen darf man nie sehen können, nur fühlen. Das ist ein großer Unterschied.

01

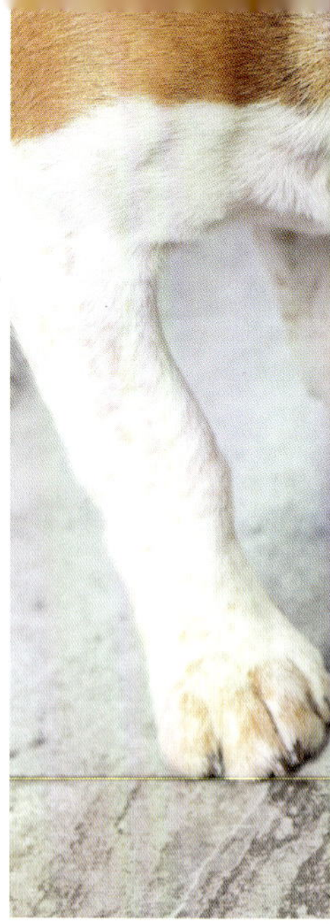

02

DIE FUTTERSORTEN

Es gibt auf dem Markt ein großes Sortiment an Hundefutter. Man unterscheidet Trockenfutter, Nassfutter und Barfen. Zu Anfang sollte man sich auf den Züchter verlassen und keine großen Experimente machen. Die meisten Züchter füttern Trockenfutter und Nassfutter. Wenn das Fell glänzt und der Kot in Ordnung ist, der Welpe gut zunimmt, ist alles gut. Falls Ihr Welpe nach einiger Zeit das Futter verweigert, ist es in der Regel kein Problem, die Futtersorte zu wechseln. Der Beagle hat einen robusten Magen. Die im Handel angebotenen Junior-Trockenfutter-Sorten sind genau auf den Bedarf des jungen Beagle abgestimmt. Die gesunde Entwicklung ist damit gewährleistet. Der Proteingehalt von 27 % sollte bei einem Beagle-Welpen nicht überschritten werden. Übermäßiger Ohrenschmalz könnte möglicherweise die Folge sein.

NASSFUTTER

Nassfutter eignet sich besonders gut als Geschmacksverstärker, wenn Ihr Welpe nicht so gut fressen mag. Ein bis zwei Esslöffel unter das Trockenfutter mischen und Ihr Welpe frisst. Achten Sie bitte auf den Fettgehalt. Meistens liegt er bei Nassfutter nur bei 9 %. Der Welpe benötigt aber 15 % Fett, damit er zunimmt. Da das Nassfutter viel zu wenig Fett enthält, dient es nur als Geschmacksverstärker und wird unter das Welpenfutter gemischt. Für den Fall, dass Ihr Beagle-Welpe während der Zahnung nur Nassfutter fressen möchte, gleichen Sie bitte den fehlenden Fettgehalt mit der Zugabe z. B. von Lachsöl aus. Ansonsten ist Nassfutter als alleiniges Futter für einen Beagle-Welpen nicht geeignet. Ihr Welpe und auch später Ihr Junghund würde an Gewicht verlieren.

BARFEN

Die Fütterung von Rohfutter gehört in erfahrene Hände, um die Nährstoffe den individuellen Bedürfnissen des heranwachsenden Beagle anzupassen. Es ist die Königsdisziplin bei der Fütterung. Oft wird es beim Auftreten von Allergien angewendet. Als Züchter würde ich Ihnen zur Welpenaufzucht davon abraten.

01 Die meisten Hunde mögen Nassfutter sehr gern.

02 Trockenfutter muss vor dem Füttern etwas angefeuchtet werden.

FÜTTERUNG DES ÄLTEREN BEAGLE

Ihr erwachsener Beagle benötigt später eine auf seinen speziellen Energiebedarf ausgerichtete Ernährung. Wenn Sie ihn im Sport einsetzen, braucht er Hochleistungsfutter. Bei normalen Spaziergängen normales Futter. Denken Sie bitte daran, bei Hitze das Futter etwas zu reduzieren, da da er sich dann weniger bewegt. Also auch etwas weniger Futter. Bei großer Anforderung erhöhen Sie entsprechend mehr. Auch im Alter braucht Ihr Beagle eine ausgewogene Ernährung. Da fast alle Beagle bis ins hohe Alter noch auf ihren Spaziergang bestehen, brauchen sie meist kein Senior-Futter.
Auch ein in die Jahre gekommener Beagle bekommt bei mir kein Senior-Futter. Sie sind so aktiv und voller Lebensfreude, dass sie mit dem gleichen Futter gefüttert werden wie der Rest meiner Mini-Meute. Bei der Wahl der Futtersorte achte ich ganz verstärkt auf das Fell meiner Beagle. Wenn es nicht riecht und wunderbar glänzt, habe ich die richtige Sorte gefunden.

SNACKS

Zwischendurch einen festen Hundekuchen oder Knabbersachen sind für die Zahnpflege sehr wichtig . Durch das Kauen löst sich der Zahnstein. Sollten Sie in irgendeiner Form Zweifel haben, wird Ihnen Ihr Züchter bestimmt gern mit Rat zur Seite stehen Auch für Belohnungszwecke bietet Ihnen der Fachhandel ein unglaublich großes Sortiment zur Auswahl an. Dort gibt kompetente Ernährungsberater für Hunde, die Ihnen zu dem angegotenen Sortiment eine Beratung geben können.

Harte Kauartikel stärken die Zähne und das Zahnfleisch.

DIE PFLEGE DES BEAGLE

An dieser Stelle möchte ich die Pflege in Bereiche einteilen. Ich empfehle Ihnen, Ihren Beagle auf einen Tisch mit Gummiunterlage zu stellen. Dies ist bereits die erste Übung für Ihren Tierarztbesuch.

Stellen Sie sich folgende Situation vor. Bei Ihnen zuhause darf Ihr Beagle natürlich nicht auf den Tisch. Sie gehen zu Ihrem Tierarzt und setzen Ihren Beagle auf den Tisch. Nun wird er versuchen, vom Tisch zu springen und wird dann vom Tierarztpersonal festgehalten. Mit dem Ergebnis, dass er beim nächsten Besuch gar nicht erst ins Behandlungszimmer gehen möchte. Ihr Beagle ist schlau und merkt sich alles ganz genau. Wenn Sie zum Training einen speziellen Tisch mit Gummiunterlage wählen, wird er sich den Unterschied merken. Zu Ihrem Erstaunen wird er freundlich in die Praxis gehen und sich ohne Probleme auf den Tisch heben lassen. So einfach kann es sein.

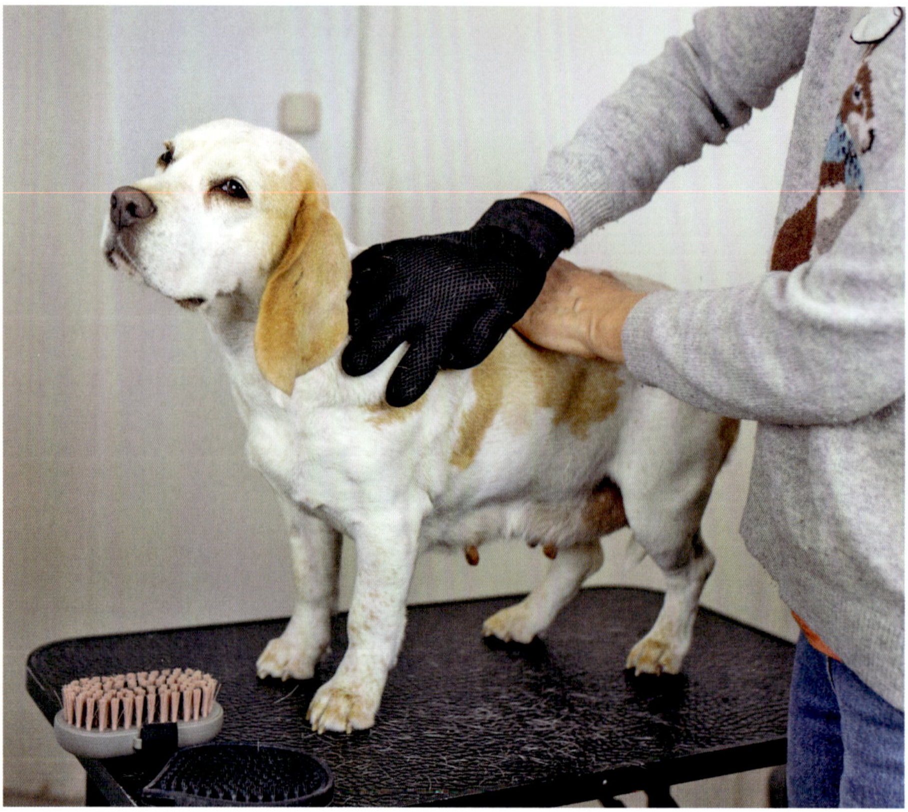

Gewöhnen Sie Ihren Hund möglichst bald daran, auf einem Tisch mit Gummiunterlage zu stehen und sich untersuchen zu lassen.

DER KOPF

Fangen wir am Kopf an. Da haben wir als Erstes die Augen. Im Regelfall benötigen sie keine Pflege. Manche Beagle haben leichte Probleme bei starkem Pollenflug. Sie bekommen dann gerötete Augen. Beim Tierarzt erhält man eine Augenpflege. Sie pflegt und reinigt die Augen von den Pollen. Das verschafft dem Beagle Erleichterung.
Nun zu den Ohren. Trotz seiner Schlappohren hat der Beagle kaum Ohrenprobleme. Falls starkes Ohrensekret vorhanden ist und der Beagle seinen Kopf oft kräftig schüttelt, sollten Sie den Tierarzt in die Ohren schauen lassen. Sind es keine Milben, stellen Sie das Futter um. Möglicherweise haben Sie auch dem Futter etwas zugeführt. Es könnte zum Beispiel Quark oder geräuchertes Fleisch sein. Manche Hunde reagieren auf Kauartikel verschiedener Art. Damit meine ich alle Hunde, nicht speziell Beagle. Ein Beagle verträgt eigentlich alles. Wichtig ist nur, dass Sie den gleichen Kauartikel nicht jeden Tag geben. Ein Wechsel der Produkte ist oft die einfachste Lösung. Tritt doch ein Problem auf, verzichten Sie eine Zeit darauf und beobachten, was passiert. Falls keine Veränderung zu bemerken ist, senken Sie bitte den Proteingehalt des Futters. Ihr Beagle wird sich bald besser fühlen. Sind die Ohren wieder sauber, reinigen Sie sie bitte nicht jede Woche. Schauen Sie jede Woche in die Ohren, dass ist das Beste und völlig ausreichend.
Nun zu den Zähnen. Ein Beagle neigt oft zu starkem Zahnstein. Da der Welpe erst Milchzähne hat, kann man jetzt gut mit dem Training beginnen. Es gibt auch hier ein großes Sortiment an Produkten. Als Erstes nehmen Sie bitte nur einen Fingerling und streichen über die Zähne. Wenn die bleibenden Zähne vorhanden sind, schauen Sie, was für Sie und Ihren Beagle am besten zu benutzen ist. Mittlerweile gibt es auch schon Ultrazahnbürsten für Hunde. Das ist eine tolle Erfindung. Bitte starten Sie so früh wie möglich ganz sanft und ohne Druck mit der Zahnpflege. Hat sich der Zahnstein erst einmal stark gebildet, bleibt oft nur noch die Zahnreinigung durch Ihren Tierarzt.

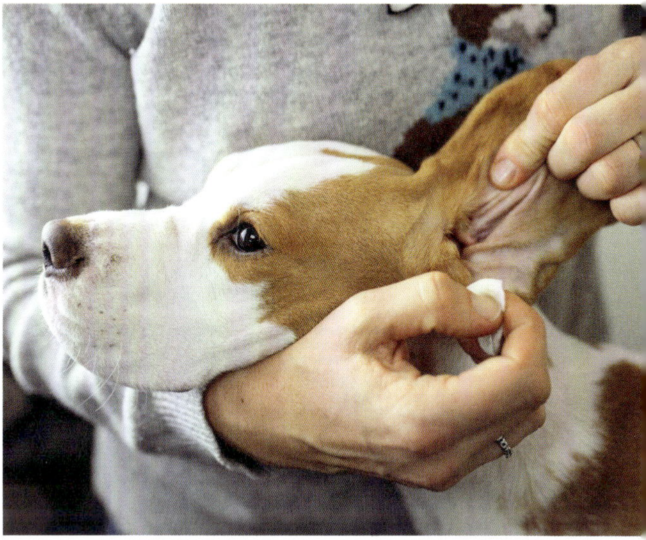

Die Ohren reinigt man vorsichtig von innen nach außen.

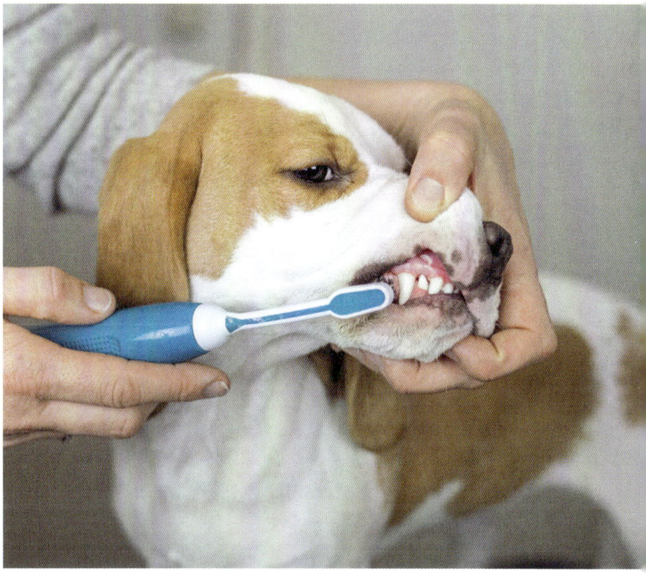

Die Zähne lassen sich gut mit einer elektrischen Zahnbürste reinigen.

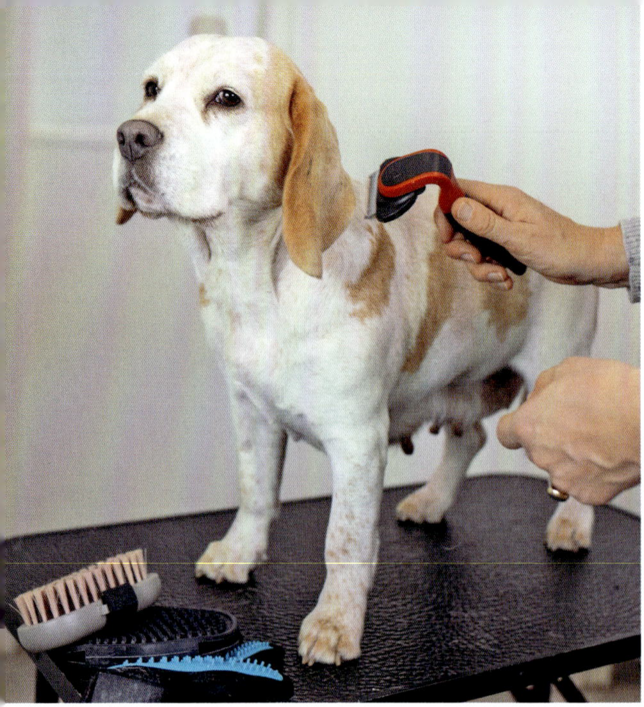

Im Fachhandel erhalten Sie geeignete Werkzeuge zur Fellpflege.

DIE FELLPFLEGE

Nun zum Fell. Das Fell bedarf keiner großen intensiven Pflege. Es ist kurz und der Schmutz fällt dadurch schnell ab. Zur Fellpflege gehört mehr als nur den Schmutz zu entfernen. Auch wenn es kurz ist, sollte es regelmäßig gebürstet werden. Dabei lösen sich die abgestorbenen Haare und das Fell glänzt wieder schön. Es ist auch eine angenehme und gesunde Massage für den Hund. Sie werden spüren, wie sehr Ihr Beagle es genießt. Es dient nicht nur der Fellpflege, sondern auch der Bindungspflege. Zur Zeit des Fellwechsels reicht das tägliche Büsten nicht aus. Man benötigt einen Furminator. Mit ihm geht man ohne fest zu drücken über das gesamte Fell. Dabei lösen sich die Unterwolle und die losen Haare.
Zur Zeit des Haarwechsels ist das manchmal täglich nötig. Sie werden merken, dass sich Ihr Einsatz lohnt. Binnen kürzester Zeit haben Sie alle losen Haare entfernt und das Fell Ihres Beagle glänzt wieder. Die Zeit des Haarwechsels haben Sie nun überstanden.

In manchen Situationen können Sie Ihren Beagle auch mit speziellem Hundeshampoo baden. Es ist kein Problem, da die Produkte alle rückfettend sind. Zu oft ist nicht empfehlenswert. Ab und zu schadet es aber auch nicht.
Wird Ihr Beagle beim Schwimmen im See oder nach dem Baden zu kalt, kann es passieren, dass er eine „Hammelrute“ (auch Wasserrute genannt) bekommt, da sich der Beagle nach dem Schwimmen stark schüttelt.
Auch das Schlagen der Rute gegen einen Gegenstand, z. B. Hundebox kann der Auslöser sein.
Ihr Beagle kann die Rute plötzlich nicht mehr aufrecht tragen und sie hängt schlaff herab, so als wäre sie gebrochen. Mehr zur Hammelrute finden Sie auf Seite 55.
Manche Beagle haben auch im Sommer ein sehr dichtes Fell. In der Jugend stört dies nicht. Wenn er aber älter wird und die Sommer sehr heiß sind, werden Sie merken, dass Ihr Beagle nicht mehr so aktiv ist und viel hechelt. Oft denkt man an ein schwaches Herz oder dass der Beagle in die Jahre gekommen ist und dass dieser Zustand normal ist.
Ich hatte vor Jahren den gleichen Gedanken und stellte meine Beagle Hündin daraufhin meinem Tierarzt vor. Auch sie hatte die oben aufgeführten Beschwerden. Zu meiner großen Erleichterung war sie gesund. Nun musste eine Lösung her. So kam ich auf die Idee, sie scheren zu lassen um ihr eine Erleichterung zu verschaffen. Das Ergebnis war mehr als zufriedenstellend. Die Hündin blühte auf und konnte nun den Sommer genießen. Von dieser Zeit an habe ich sie bis zu ihrem Tod jedes Jahr im April von einem sehr erfahrenen Hundefriseur scheren lassen. Bei meiner Hündin war es die richtige Entscheidung. Sie hatte sehr dichtes dickes Sommerfell. Bei einem Beagle mit dünnem Haar ist davon abzuraten.

DIE KRALLENPFLEGE

Die Krallen sollten schon von Welpenalter an wöchentlich nach Bedarf gekürzt werden. Wenn man sie von der Seite anschaut, sieht man bei hellen Krallen die Ader.
Bis dahin sollte die Kralle gekürzt werden. Bitte nicht zu viel kürzen! Es ist nicht nur eine optische Korrektur, sondern hat auch einen gesundheitlichen Grund. Durch das Kürzen der Krallen steht der Beagle korrekt auf den „Katzenpfoten".
„Hasenpfoten" sind nicht erwünscht und beeinträchtigen sein Gangwerk sehr stark. Dabei sind auch bitte die älteren und alten Beagle nicht zu vergessen. Wenn der Beagle nur noch auf weichem Boden läuft oder viel weniger rennt und die Spaziergänge dem Alter angepasst kürzer werden, laufen sie sich die Krallen naturgemäß nicht mehr von alleine kurz. Plötzlich stellen Sie fest, dass Ihr Beagle auf glattem Boden unsicher läuft und auf einmal wegrutscht und nicht mehr spielen möchte.
Natürlich denkt man sofort an Altersbeschwerden wie Rückenprobleme, Arthrose und Gelenkschmerzen. Oft kommt man auf die einfachen Dinge, wie hier auf zu lange Krallen, nicht. Ein Hundesalon oder Tierarzt kann schnell Abhilfe schaffen. Bitte beachten Sie, dass ein Beagle im Gegensatz zu anderen Rassen sehr kurze Krallen hat. Danach werden Sie Ihren Beagle nicht mehr wiedererkennen. Er ist wird wieder freudig neben ihnen herlaufen und mit anderen Hunden spielen. Manchmal ist es so einfach, seinem Beagle Erleichterung und neue Lebensqualität zu geben.

AUF EINEN BLICK

- Achten Sie auf die Futterqualität und füttern Sie dem Alter angepasst.
- Kauartikel unterstützen die Zahnpflege, darauf sollten Sie nicht verzichten.
- Beschaffen Sie sich die geeigneten Werkzeuge zur Pflege Ihres Beagle.
- Kontrollieren Sie regelmäßig Augen, Ohren und die Krallen.
- Das Fell benötigt hauptsächlich in der Zeit des Fellwechsels etwas Pflege.

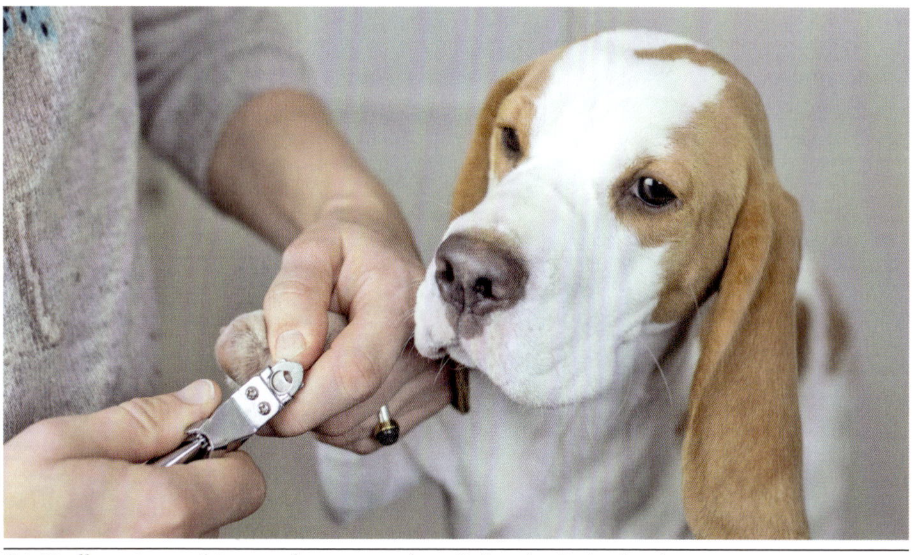

Die Krallen müssen gekürzt werden, wenn sie beim Stehen den Boden berühren.

RUNDUM GESUND

— *Vorsorge & Abhilfe bei Krankheiten*

Ihr Beagle ist anders als sonst? Warten Sie nicht lange, sondern gehen Sie zum Tierarzt!

GESUNDHEITSPROBLEME

Zu diesem Thema möchte ich Ihnen einige Tipps geben. In der Regel sind Beagle sehr robuste Hunde und nur selten krank. Wenn man seinen Beagle immer um sich hat, merkt man recht schnell, wenn etwas nicht stimmt.

Zeigt Ihr Beagle-Welpe Krankheitssymptome, könnte etwas nicht stimmen, da er in der Regel recht robust ist und vieles wegsteckt. Vereinbaren Sie mit Ihrem Tierarzt einen Termin.
Da Sie schon frühzeitig Ihren Welpen mit einem Tisch mit Gummimatte vertraut gemacht haben, wird Ihr Beagle-Welpe gerne zum Tierarzt gehen und sich abtasten lassen. So geht es mir mit meinen Beagle. Nehmen Sie eine genaue Beschreibung Ihrer Beobachtung mit, das erleichtert die Diagnose (Seite 56).

Ein Beagle frisst schnell etwas, das er nicht verträgt.

DURCHFALL

Durchfall ist bei einem erwachsenen Beagle in aller Regel nicht schlimm. Oft hilft schon eine Diät aus Kartoffeln, gedünsteten Möhren und Hühnerfleisch. Im Fachhandel gibt es auch spezielles Dosenfutter, das bei Magen-Darm-Beschwerden hilft. Wenn nach zwei Tagen keine Besserung eintritt, ist ein Besuch beim Tierarzt ratsam. Zur Sicherheit denken Sie bitte daran, schon ab dem ersten Tag eine Kotprobe zu nehmen. Wenn sich Blut im Kot befindet, ist das oft ein Hinweis auf Parasiten. Bitte gehen Sie mit Ihrem Beagle und der Kotprobe sofort zum Tierarzt. Für einen Welpen und Junghund kann es bei Nichtbehandlung zu ernsthaften Erkrankungen führen. Wenn der Beagle bei einem Hydrantenstuhl nicht trinkt, kann es sehr schnell zur gefährlichen Austrocknung führen. Daher ist auch hier eine Untersuchung der Kotprobe hilfreich.

DIE NOTFALL APOTHEKE

Diese Dinge sollten in jeder Beagle-Hausapotheke zu finden sein:

- Zeckenzange
- Fieberthermometer
- Sterile Kompressen
- Elastische selbstklebende Binde
- Behälter Für Kotprobe
- Behälter für Urinprobe
- Einweghandschuhe
- Blutstillende Watte
- Coldpack
- Desinfektionsmittel
- Durchfallmittel
- Einmalspritze
- Kleine Taschenlampe
- Maulkorb
- Paraffinöl (bei leichter Verstopfung)
- Pinzette
- Schere
- Wundsalbe oder Spray

Lahmt Ihr Beagle plötzlich, untersuchen Sie zuerst die Pfoten.

ANALDRÜSE

Es kommt immer mal wieder vor, dass sich die Analdrüse bei Ihrem Beagle nicht von alleine beim Kotabsetzen entleert. Erst einmal wird Ihnen auffallen, dass die Rückenlinie des Beagles nicht mehr ganz gerade ist, er die Rute nicht mehr so freudig trägt und dass er auf dem Hinterteil rutscht. Viele denken sofort an Wurmbefall, aber meistens ist die Analdrüse verstopft. Ein Tierarztbesuch bringt sofortige Erleichterung. Eine gleichzeitige Futterumstellung könnte helfen.

Mit einer meiner Hündinnen hatte ich diese Probleme recht plötzlich. Ich musste alle vier Wochen zum Entleeren der Analdrüse zu meinem Tierarzt. Normalerweise brauche ich dafür keinen Tierarzt. Bei ihr war es zu schwierig. Mit der Zeit dachte ich sogar an eine Entfernung der Analdrüsen. In meiner Not besprach ich mich mit mehreren Tierärzten. Man zeigte mir die Risiken einer solchen Operation auf. Außer einer schwierigen Wundheilung und das Risiko, dass meine Hündin den Kot nicht mehr gezielt absetzen könnte, bestünde auch die Gefahr, dass die Drüsen nicht komplett entfernt würden und dann das angesammelte Sekret nicht mehr abfließen könnte. Daraufhin kam ich zu der Erkenntnis, dass das Risiko für mich zu groß war. Also musste eine andere Lösung her.

Da ich öfter mal neue Zusatzprodukte für mehr Vitalität, Fell- oder Darmpflege ausprobiere, stellte ich zu meiner großen Freude fest, dass ein Kräuterzusatz eine positive Wirkung auf die Analdrüse hatte. Von nun an konnte ich sie wieder alleine mechanisch entleeren. Diese und viele andere kleine Erfahrungen haben mir immer wieder gezeigt, dass ein Beagle sehr robust ist und auf natürliche Produkte ausgesprochen positiv reagiert.

Sie sollten nicht versuchen, die Analdrüse Ihres Beagle selbst mechanisch zu entleeren. Bitte gehen Sie dafür zu Ihrem Tierarzt. Die mechanische Entleerung ist keine große Sache und hilft sofort. Falls das nötig ist, sollten Sie es bitte machen lassen. Es kann sehr schmerzhaft sein und im schlimmsten Fall kann sich ein Abszess bilden. Bevor sich das Schlimmste entwickelt, stellen Sie Ihren Beagle Ihrem Tierarzt vor.

HAMMELRUTE (WASSERRUTE)

Bei einer Hammelrute handelt es sich um eine Entzündung des dritten und vierten Wirbels nach der Schwanzwurzel. Erkennen kann man es daran, dass die Rute wegen des Schmerzes schlaff herunterhängt. Sie gleicht der Rute eines Hammels. Es tritt immer in Verbindung mit Durchnässung auf. Bei starkem Schütteln nach dem Schwimmen oder Baden kann durch das Schlagen der Rute gegen die Hundebox oder Ähnliches diese Verletzung auftreten.

Er ist also Vorsicht bei Durchnässung geboten. Bevor Sie Ihren Beagle nach starkem Regen in Ihr Auto einladen, trocknen Sie ihn gründlich ab und ermöglichen Sie es ihm, sich außerhalb des Autos zu schütteln. Auch nach dem Baden gilt diese Vorsicht. Planen Sie eine Hundeausstellung zu besuchen, ist es ratsam, ihn drei Tage vorher zu baden.

In den vielen Jahren meiner Beagle-Zucht ist es nur zwei Mal vorgekommen, dass meine Beagle eine Hammelrute hatten. Das erste Mal habe ich wirklich einen Schreck bekommen. Mein Beagle-Rüde trug auf einmal die Rute nicht mehr. Es sieht natürlich recht komisch aus, wenn ein Beagle seine Rute gar nicht mehr tragen kann und sie nur runterhängt wie bei einem Hammel. Natürlich bin ich sofort zum Tierarzt gefahren. Seine Diagnose: Hammelrute. Nach der Gabe von Schmerzmitteln war die Sache schnell ausgestanden und mein Beagle-Rüde trug die Rute wieder aufrecht und fröhlich, als wäre nichts geschehen.

Das zweite Mal habe ich meine Beagle-Hündin für eine Hundeausstellung gebadet. Als ich am nächsten Morgen zur Hundeausstellung gefahren bin, stellte ich bei der Ankunft eine Hammelrute fest. Seit der Zeit bade ich meine Beagle immer mehrere Tage vorher.

GAUMENSEGEL

Wenn Ihr Beagle stark an der Leine zieht, kann es passieren, dass er anfängt zu röcheln und Geräusche von sich gibt, als würde er ersticken oder husten. Geraten Sie nicht in Panik. Der Rachen ist in dem Moment trocken. Halten Sie ihm kurz die Nase zu und streichen ihm über den Kehlkopf. Nachdem er geschluckt hat, ist es schnell vorbei. Das bezeichnet mal als Gaumensegeln. Man kann es kaum glauben, aber es ist vor Jahren schonmal vorgekommen, dass ein Beagle deshalb antibiotisch behandelt wurde.

So trägt der Beagle im Normalfall seine Rute.

URIN

Häufiges Urinieren in der Wohnung, obwohl der kleine Beagle schon sauber ist, könnte auf eine Blasenentzündung hindeuten. Auch bei diesem Symptom ist ein Tierarztbesuch schnellstens angesagt. Um eine Diagnose erstellen zu können, benötigt der Tierarzt eine Urinprobe. Den Urin können Sie ganz einfach mit einer Suppenkelle auffangen und in einem sterilen, geschlossenen Gefäß mitnehmen. Eine Blasenentzündung kann sich zu einer Nierenbeckenentzündung entwickeln. Deshalb ist hier schnelles Handeln angesagt.

LAHMHEIT

Auch Lahmheiten, egal ob am Vorder- oder Hinterlauf, sind vom Tierarzt abzuklären. Junge Beagle sind oft übermütig und können sich beim Toben oder beim Herunterspringen schon mal vertreten. Bei Junghunden wie bei Kindern treten auch schon einmal Wachstumsschmerzen auf. Sie lahmen dann mal und dann wieder nicht. Spaziergänge sollten in der Zeit kurz sein und nur auf festem Boden stattfinden. Toben sollte unterbunden werden. Diese Lahmheit verwächst sich im Alter von ganz alleine.

Checkliste

KRANKHEITSANZEICHEN

- ☐ Gehen Sie sofort zum Tierarzt bei den folgenden Krankheitsanzeichen. Nutzen Sie Ihr Handy für eine Filmaufnahme und Fotos.
- ☐ Fieber über 39°C
- ☐ Erbrechen und andauerndes Würgen kann auf Fremdkörper hinweisen (Erbrochenes mitnehmen)
- ☐ Durchfall bis Hydrantenstuhl (schwallartig), Stuhlprobe mitnehmen
- ☐ Bauchkrämpfe
- ☐ Krämpfe oder Krampfanfälle (Filmaufnahme mit dem Handy)
- ☐ Desorientierung
- ☐ entzündete Augen
- ☐ Fremdkörper im Ohr, Nase, Augen, Rachen, Magen und Darm.
- ☐ Scheidenausfluss
- ☐ Penisausfluss
- ☐ harter Bauch
- ☐ verkrampfter Bauch
- ☐ vermehrtes Trinken mit Scheidenausfluss bei einer Hündin, Fieber bei einer Hündin ohne vermehrtes Trinken und Scheidenausfluss
- ☐ Bewegungsunlust, schmerzhafter Augenausdruck, verkrampfte Körperhaltung, ständiges Körperzittern, abstehende Körperhaare (Bürste)
- ☐ ständiges Lecken einer Körperstelle, aufgeblähter Bauch, trägt die Rute nicht, starkes Hecheln, plötzlich aggressives Verhalten (vor Schmerzen)
- ☐ Schwellungen
- ☐ Ohnmacht
- ☐ Torkeln
- ☐ Verstopfung, erfolgloses Kotabsetzen
- ☐ veränderter steifer Gang mit hochgezogener Bauchdecke
- ☐ Verdacht auf Giftaufnahme (wenn möglich Probe der Substanz mitnehmen)
- ☐ allergische Reaktion (Insektenstich)

Hat sich Ihr Beagle vertreten, nehmen Sie ihn bitte an die Leine, damit er sich schonen kann.

Schon bei den Kleinsten ist es wichtig, mit der Immunisierung anzufangen.

IMPFUNGEN

Mit dem korrekt ausgeführten Impfplan schützen Sie Ihren Beagle vor sehr ansteckenden und oft tödlich verlaufenden Viruserkrankungen.

Ihr Beagle muss zum Impftermin gesund und wurmfrei sein. Dafür können Sie sorgen, indem Sie sechs Tage vor dem Impftermin von drei Tagen (jeweils nur eine kleine Menge) Kot sammeln und eine Kotuntersuchung auf alle Arten von Würmern bei Ihrem Tierarzt in Auftrag geben. Falls nötig, bekommen Sie von Ihrem Tierarzt ein passendes Wurmmittel. Bevor Ihr Tierarzt den Welpen impft, wird er ihn untersuchen. Dazu gehört die Kontrolle der Augen, des Rachens, der Ohren, die Körpertemperatur und eine Untersuchung des Kots auf Würmer. Nach der Impfung sollten Sie Ihren Beagle schonen und auf lange Spaziergänge, Besuche auf den Hundeplatz und das Toben mit anderen Hunden für ungefähr vier Tage verzichten. Während man früher jedes Jahr alles impfen musste, gibt es heute ein neues Impfschema.

IMPFKALENDER

Grundimmunisierung	8. LW	12. LW	16. LW	16. LM	Wiederholungsimpfung
HCC	X	X	X	X	ab dem 2. Jahr alle 3 Jahre
Leptospirose	X	X		X	jährlich
Zwingerhusten	X	X	X	X	ab dem 2. Jahr alle 3 Jahre
Parvovirose	X	X	X	X	ab dem 2. Jahr alle 3 Jahre
Staupe	X	X	X	X	ab dem 2. Jahr alle 3 Jahre
Tollwut		X		X	laut Impfhersteller

NOTWENDIGE IMPFUNGEN

STAUPE

Diese Viruserkrankung führte Jahrhunderte lang zu hoher Sterblichkeit bei Hunden. Sie ist auch heute noch sehr gefährlich. Es können Organe betroffen werden, wie zum Beispiel Magen und Darm und die Atemwege. Im schlimmsten Fall können Schädigungen des Gehirns und neurologische Beschwerden entstehen.

HEPATITIS CONTAGIOSA CANIS (HCC)

Hepatitis contagiosa canis ist die Bezeichnung für eine ansteckende Leberentzündung beim Hund, die chronisch wird. Anzeichen sind Erbrechen, Übelkeit und Gelbsucht.

LEPTOSPIROSE

Bei der Leptospirose handelt es sich um eine lebensbedrohliche Infektionskrankheit, die über Mäusekot übertragen wird. Die betroffenen Tiere scheiden die Leptospiren über den Urin aus. So gelangen die Erreger in den Boden und ins Wasser. Weitere Übertragungsquellen können auch Speichel, Sperma, Nachgeburten, Milch und Fruchtwasser sein. Da sie auch auf Menschen übertragbar ist, handelt es sich hier um eine Zoonose.

PARVOVIROSE

Parvovirose ist eine hoch ansteckende Viruserkrankung. Es treten folgende Symptome auf: Erst frisst der Hund schlecht und ist ganz matt, dann tritt hohes Fieber (39,5–41,5 °C) ein. Der dann folgende Durchfall gleicht einem Hydrantenstuhl (der Kot schießt in einem Strahl) und ist mit Blut durchsetzt. Der Geruch ist einzigartig streng und unverwechselbar. Im Kapitel „Erste Ausflüge" habe ich Ihnen mein schreckliches Erlebnis mit dem Kontakt des Parvovirus schon beschrieben. Nach meiner Erfahrung kann ich Ihnen nur ganz eindringlich raten, Ihren Beagle impfen zu lassen.

IMPFUNGEN BEI BEDARF

Zwingerhusten, Borreliose und Leishmaniose (fragen Sie IhrenTierarzt).

UNGEBETENE GÄSTE: PARASITEN

Bei den Parasiten unterscheidet man Endo- und Ektoparasiten. Endoparasiten leben im Körper, Ektoparasiten siedeln sich auf dem Hund an.

ENDOPARASITEN

Wenn Sie Ihr neues Familienmitglied mit neun Wochen vom Züchter abholen, ist er schon mehrmals entwurmt worden. Ihr Züchter wird Ihnen schriftlich mitteilen, wann, wie oft und womit der Welpe entwurmt wurde. Einige Züchter sammeln auch den Kot und lassen ihn vom Tierarzt auf Parasiten untersuchen. Entwurmt wird nur dann, wenn der Tierarzt ein positives Ergebnis hat. Das ist zwar für den Züchter aufwendiger, für die Welpen ist es besser. Man darf aber nicht vergessen, dass eine unnötige Entwurmung den Welpen belastet und die Darmflora schädigt. Da ein Welpe alles ins Maul nimmt, empfiehlt es sich, alle drei Monate Kot über drei Tage zu sammeln, zu kühlen und beim Tierarzt auf Parasiten untersuchen

Die Welpen werden bereits beim Züchter mehrfach entwurmt.

zu lassen. In einem Haushalt mit Kindern sollte das selbstverständlich sein.

GIARDIEN

Giardien sind hartnäckige einzellige Darmparasiten, die auf der ganzen Welt vorkommen. Der Beagle kann sich durch Kot, andere Hunde, kontaminiertes Wasser und Aas infizieren. Viele Hunde zeigen keine Anzeichen. Andere haben oft wechselnden Stuhlgang, oft ist der Stuhlgang mit mehr oder weniger Blut durchsetzt. Dabei scheidet er die Einzeller aus und steckt andere Tiere und eventuell auch Menschen an.
Bei jungen Hunden können Giardien auch zu Appetitlosigkeit führen. Falls Ihr Beagle Giardien hat, kann ich Ihnen für die Reinigungshygiene einen Dampfreiniger empfehlen. Ich setze ihn zur Zeit der Welpenaufzucht ein, da die chemischen Reiniger oft sehr stark riechen.

KOKZIDIEN

Kokzidien verursachen Durchfall, teilweise mit Blutbeimischung. Müdigkeit, verminderter Appetit und Fieber können als Symptome auftreten. Auch hier ist schnelles Handeln vonnöten. Ein Befall wird auch hier über den Kot nachgewiesen.

SPUL- UND HAKENWÜRMER

Von allen Wurmarten sind Spul-, Haken- und Rundwürmer die am häufigsten aufgegriffenen Wurmarten.
Spul- und Hakenwürmer können oft schon über die Muttermilch übertragen werden. Aus diesem Grund wird die Mutterhündin vor dem Belegen noch einmal entwurmt. Zur Sicherheit entwurmen Züchter nach Absprache mit ihrem Tierarzt die trächtige Hündin zum Ende der Trächtigkeit erneut. Peitschen- und Rundwürmer werden auch durch das Beschnuppern von Kot und Aas von infizierten Tieren übertragen.

BANDWÜRMER

Es gibt verschiedene Arten von Bandwürmern. Sie alle aufzuführen, würde den Rahmen sprengen. Die Infektion verläuft über das Beschnuppern oder Fressen von infiziertem Kot.
Um Ihren Beagle und Ihre Familie vor einer Erkrankung durch Endoparasiten zu schützen, rate ich Ihnen, alle drei Monate den Kot Ihres Beagle untersuchen zu lassen. Von einer Entwurmung ohne vorherige Kotuntersuchung ist unter Umständen abzuraten, da zur Bekämpfung bestimmter Wurmarten auch ganz spezielle Wurmmittel notwendig sind. Mit einer regelmäßigen Kontrolle sind Sie auf der sicheren Seite.

LUNGENWÜRMER

Es handelt sich um einen Parasiten der Lunge. Durch die Aufnahme oder das Belecken einer infizierten Schnecke kann sich Ihr Hund anstecken. Auch der Fuchs dient neben der Schnecke als Zwischenwirt. Folgende Symptome können auftreten: Husten, der auf keine Behandlung reagiert, oder Räuspern, spontanes Nasenbluten. Auch Verhaltensveränderungen und Ausfallserscheinungen sind beobachtet worden. Durch eine Kotuntersuchung kann man einen Befall schnell feststellen und mit einem entsprechenden Wurmmittel behandeln. Bei Befall ist es eine ernstzunehmende Erkrankung.

HAUTWÜRMER

Eine Reihe von Stechmücken sind für die Übertragung von Hautwurm-Erkrankungen verantwortlich. Infektionen mit diesen Hautwurmlarven sind oft nicht erkennbar. Folgende Symptome treten auf: Abszesse, Juckreiz, Schwellungen, Haarausfall und Hautknoten, die auch mit Tumoren verwechselt werden können und oft operativ entfernt werden.

Vom Stöbern bringt der Beagle immer wieder eine oder mehrere Zecken mit nach Hause.

EKTOPARASITEN

FLÖHE

Hunde stecken sich durch den Kontakt mit infizierten Hunden oder durch Plätze, auf denen sich Floheier, Larven und Puppen von Flöhen befinden, an. Wenn Sie den Verdacht haben, dass Ihr Hund sich angesteckt hat, können Sie sich mithilfe eines Flohkammes Klarheit verschaffen. Kämmen Sie Ihren Beagle am Rutenansatz, an den Ohren und dem Bauch. Alles, was Sie im Kamm gesammelt haben, geben Sie auf ein weißes Blatt Papier und feuchten es an. Der Flohkot färbt sich bei Wasserkontakt rot. Ein Tierarztbesuch ist nun ratsam.

ZECKEN

Bis zu einem Alter von einem Jahr sollte man kein Mittel gegen Zecken verwenden. Viele Hersteller raten davon ab. Da der Beagle kurzes Fell hat, sieht man die Zecken recht gut. Nach jedem Spaziergang empfiehlt es sich, das Fell mit einem Gummistriegel zu bürsten und die Zecken abzusammeln. Wichtig sind auch die Stellen zwischen den Beinen, am Bauch und das innere Ohr und das Maul nicht zu vergessen. Falls sich eine Zecke schon festgebissen hat, benutzen Sie bitte eine Zeckenzange, um sie zu entfernen. Manche Zecken hinterlassen eine dicke Beule. Beim Tierarzt bekommen Sie eine Salbe, die Sie auf die betroffene Stelle auftragen können.
Es gibt unterschiedliche Modelle von Zeckenzangen. Versuchen Sie verschiedene Modelle für unterschiedliche Zecken. Die Gebiete mit starkem Zeckenaufkommen sollten Sie meiden. Zur Vorbeugung

Da Kinder gern engen Kontakt zum Hund haben, ist die Parasiten-Prophylaxe im Familienhaushalt besonders wichtig.

bieten der Tierarzt und der Futtermittelhandel verschiedene Produkte an. Sie hier alle aufzuführen, würde den Rahmen sprengen, zumal es immer wieder neue Produkte gibt. Wägen Sie bei Ihrer Entscheidung den Nutzen und die eventuell auftretenden Nebenwirkungen ab. Nicht alle Beagle sind anfällig für den Zeckenbefall. Ich habe in den Jahren meiner Zucht Beagle gehabt, die hatten nie eine Zecke. Ich konnte es mir nicht erklären. Dann wiederum gab es auch das andere Extrem. Manchmal kommt es mir vor, als hätte auch das Futter einen Einfluss darauf. Eine zufriedenstellende Antwort kann ich Ihnen leider nicht geben. Für meine Beagle habe ich mich entschieden, die Zecken sofort abzusammeln und möglichst Gebiete mit starkem Zeckenvorkommen zu meiden.

MILBEN

Es gibt zahlreiche Milbenarten. Alle Milbenarten verursachen beim Beagle sehr starken Juckreiz.

Sarcoptes-Milben sind für Mensch und Tier ansteckend.

Herbstgrasmilben sitzen im Gras. Man findet sie zwischen den Zehen des Beagle als orangefarbene Punkte. Durch den starken Juckreiz und das daraus resultierende Beißen an den Pfoten können sich Infektionen und im schlimmsten Fall Allergien entwickeln.

Demodexmilben verursachen Haarausfall und Hautveränderung bei gleichzeitig starkem Juckreiz. Davon sind oft junge, immunschwache Hunde betroffen.

Ohrmilben Der Beagle hat vermehrt dunkles, übel riechendes Ohrensekret. Diese Ohrmilben können Infektionen hervorrufen.

Ab etwa dem 6. Lebensmonat beginnt Ihr Beagle, sich für das andere Geschlecht zu interessieren.

PUBERTÄT

Ab dem Alter von etwa sieben Monaten wird der Junghund langsam erwachsen. Der Hormonumbau ist anstrengend für den Hund und manchmal nervig für uns Menschen.

Ab dieser Zeit fängt der Rüde an, sein Revier zu markieren. Jetzt sollten Sie darauf achten, dass er nicht überall markiert. Ein Rüde muss nicht überall sein Bein heben. Sie sind der Chef der Meute. Stellen Sie sich vor, Sie gehen mit Ihrem Rüden in ein Geschäft oder Restaurant und er markiert dort den Eingang oder die Wand. Etwas Peinli-

cheres kann man sich wohl kaum vorstellen. Eine Beagle-Hündin kommt im Alter zwischen sechs bis 12 Monaten das erste Mal in Hitze (Läufigkeit) und von da an alle sechs bis 12 Monate. Ab der ersten Hitze ist sie geschlechtsreif.
Beiderlei Geschlecht kennt in dieser Zeit scheinbar die Kommandos nicht mehr, sie haben oftmals alles Gelernte vergessen. Sie sind nur noch mit sich selbst beschäftigt. Manche Beagle, egal ob Rüde oder Hündin, versuchen in dieser Zeit, ihre Position bei Hundekontakten zu demonstrieren. Wiederum andere sind sehr unterwürfig und geräuschempfindlich.
Spätestens jetzt sollte man mit seinem Beagle einen Hundeplatz aufsuchen. Das gemeinsame Training auf dem Hundeplatz stärkt noch einmal intensiv die Bindung zu Ihnen. Dort sind Sie der Fels in der Brandung für Ihren Beagle und er bekommt neue Eindrücke, die er mit Ihnen erlebt. Er erlebt positiven Hundekontakt unter der Leitung eines Trainers. Durch die neuen Aufgaben, die Ihr Beagle mit Freude meistern muss, helfen Sie ihm durch die Pubertät.
Auf dem Hundeplatz sollte für Sie nicht das schnelle Erreichen des Ziels wichtig sein, sondern der Spaß und das gemeinsame Arbeiten mit dem Hund. Zeigen Sie Ihrem Beagle bei gelungenen Aufgaben ganz deutlich, wie sehr Sie sich freuen. Glauben Sie mir, das bewirkt Wunder. Ansonsten versuche ich, diese anstrengende Zeit zu ignorieren. Kaum zu schimpfen, aber bei jeder Gelegenheit überschwänglich zu loben.
Haben die pubertierenden Beagle diese Phase überstanden, können sie sich wieder besser konzentrieren und man kann wieder mit ihnen arbeiten. Dieses Phänomen kennt man von jedem Lebewesen. Ich bin zu der Überzeugung gekommen, dass jeder erst einmal diese Phasen durchleben muss, um zu einem souveränen Lebewesen zu reifen.

Achten Sie in dieser Zeit darauf, dass er sich nicht zu weit von Ihnen entfernt.

Die Beagle-Hündin wird mit rund einem Jahr das erste Mal läufig.

DIE HÜNDIN

Eine Beagle-Hündin kommt mit ungefähr neun Monaten, manchmal auch erst mit 12 Monaten das erste Mal in Hitze. Danach kann die Zykluslänge zwischen sechs und 12 Monaten variieren.
Die ersten sichtbaren Anzeichen sind das Anschwellen der Vulva und das Markieren auf Spaziergängen. Nach ungefähr drei Wochen beginnt die Blutung. Wenn die Blutung nach ungefähr 14 Tagen fleischfarbig wird, ist sie deckbereit.
Wenn Sie einen Garten haben, empfiehlt es sich, in dieser Zeit auf den täglichen Spaziergang zu verzichten. Die Rüdenbesitzer werden es Ihnen danken.
Bei der ersten Hitze sind die Beagle-Hündinnen oft verunsichert, weil sie sauber sind und auf einmal Blut verlieren. Sie können es ihr erleichtern, indem Sie sie ermutigen, das Blut aufzulecken. Das klappt in der Regel recht gut. Als Alternative ist noch eine spezielle Hose mit Einlagen im Zoobedarf erhältlich.
An dieser Stelle möchte ich Ihnen die Angst vor einer eventuell auftretenden Gebärmutterentzündung nehmen und Ihnen einige Vorsorgetipps geben. In der Zeit der Hitze achte ich darauf, dass sich meine Hündin außerhalb des Grundstücks nicht setzt. Ich verwende nur das Kommando „steh“. Auch vermeide ich Spaziergänge in der Nähe von tiefen Bächen oder Seen, da meine Hündinnen gerne ins Wasser gehen. Ich möchte nicht, dass das Wasser Kontakt zur Vulva meiner Hündin hat und Bakterien eindringen. Vielleicht finden Sie meine Vorsicht etwas übertrieben. Aber meine Devise lautet

Der Rüde ist mit einem Jahr ausgewachsen, bis er „fertig“ ist, dauert es noch zwei weitere Jahre.

immer: Vorsicht ist besser als Nachsicht. Mehr Information dazu finden Sie unter Kastration.

DER RÜDE

Ein Beagle-Rüde hebt schon mit ungefähr 16 Wochen sein Bein und ist mit sieben Monaten zeugungsfähig. Er beginnt zu markieren. Durch konsequente liebevolle Erziehung können Sie ihn dazu bringen, dass er nur Bäume und Sträucher markiert. Das Markieren an Hauswänden, Laternen, Autoreifen, Taschen, die auf dem Boden stehen, Jacken, die über der Rückenlehne liegen, und sämtlichen Gegenständen, die auf dem Boden stehen, können Sie durch Ihre Erziehung unterbinden.
Ab diesem Alter ist er hormongesteuert. Er riecht eine Hündin, die in Hitze ist, auch über große Entfernung. Interessiert ist er aber nur an den wenigen Tagen (ungefähr drei Tage) kurz nach dem Eisprung. Es kann Ihnen passieren, dass Sie auf eine heiße Hündin treffen und Ihr Rüde keinerlei Interesse zeigt. Das bedeutet, dass sie zu diesem Zeitpunkt keinen Eisprung hat. Das ist ein normales Verhalten.
Besitzer von Beagle-Deckrüden empfehlen Züchtern aus diesem Grund einen Progesterontest, damit der Züchter mit seiner Hündin zum richtigen Zeitpunkt zum Rüden kommt.
Die meisten Beagle-Rüden sind mit 12 Monaten ausgewachsen. Aber bis der Beagle-Rüde „fertig“ ist, dauert es drei Jahre. Der Körper formt sich langsam aus und der Kopf wird „schwerer“. Er ist erwachsen.

KASTRATION

Laut Tierschutzgesetz §11 ist es verboten, einem gesunden Hund Organe zu entfernen. Darunter fällt auch eine Kastration. Ein so großer Eingriff in den Hormonhaushalt bleibt nicht ohne Folgen.

Jede Operation beinhaltet ein Risiko. Darüber muss man sich im Klaren sein. Bei einem Beagle ist so ein Eingriff absolut unnötig. Es könnte sein, dass sich Ihre kastrierte Beagle-Hündin nicht so entwickelt, wie sie sich ohne Kastration entwickelt hätte.

KASTRATION DER HÜNDIN

Bei Hündinnen wird sehr oft eine frühe Kastration empfohlen. Es ist zu bedenken, dass die Hündin vor der ersten Hitze noch lange nicht erwachsen ist. Sie braucht wie der Rüde mindestens drei Jahre, um sich zu einem erwachsenen Beagle zu entwickeln. Nach jeder Hitze wird sie sicherer und ausgeglichener. Sie entwickelt sich zu einem ausgeglichenen Beagle, der nicht im Welpenalter stecken geblieben ist. Es gibt nichts Schöneres als zu sehen, wie sich Ihre Beagle-Hündin zu einem zuverlässigen Partner entwickelt. Dazu braucht sie Zeit und ihre weiblichen Hormone. Nicht zu vergessen ist dabei, dass auch das Wachstum von einer Kastration negativ beeinflusst wird. Eine kastrierte Hündin

Die Hündin muss erst kastriert werden, wenn es aus gesundheitlichen Gründen angezeigt ist.

Eine 11-jährige unkastrierte Beagle-Hündin.

hat sehr dünne Beine, einen kleinen Kopf, einen mächtigen Körper und ist hochgewachsen. Oft bekommt sie auch weiches Welpenhaar. Manche Hündinnen entwickeln nach dem Eingriff einen für Rüden sehr starken Duft und werden dann oft besprungen. Oft tritt auch eine unerwünschte Gewichtszunahme auf, die nur schwer zu kontrollieren ist. Nach einigen Jahren kann sich eine Inkontinenz einstellen, die medikamentös behandelt werden muss.
Eine auftretende Scheinträchtigkeit ist für manche Beagle-Besitzer und Tierärzte ein Grund, die Beagle-Hündin zu kastrieren. Auch hier ist zu bedenken, dass die Gefahr der Fettleibigkeit, Muskelabbau, Fellveränderung, Inkontinenz und der Wesensveränderung, die eventuell nicht positiv ist, wie auch die Gefahr einer Schilddrüsenerkrankung steigt. Ihr Züchter oder Tierarzt kann Ihrer Hündin beim Auftreten von Scheinträchtigkeit meist mit sanften pflanzlichen Medikamenten helfen. Oft reicht es, sie auf härterem Untergrund schlafen zu lassen, kein Stofftier als Welpenersatz zur Verfügung zu stellen, das Futter zu reduzieren und viel Bewegung. All diese Punkte verhindern, dass sich Milch bildet und sich die Scheinträchtigkeit nicht zu stark entwickelt. Ablenkung ist die beste Medizin. Früher hat man auch die Hitze durch eine Hormongabe unterbrochen. Heute wird davon abgeraten, da man den Ausbruch von Krebs vermutet. Wenn eine medizinische Notwendigkeit einer Kastration besteht, wie eine in äußerst seltenen Fällen nicht zu heilende Gebärmutterentzündung, bleibt einem keine Wahl. Die Gesundheit des Beagle hat oberste Priorität.

Der unkastrierte Rüde ist ausgeglichen und fröhlich.

KASTRATION DES RÜDEN

Einen Beagle-Rüden zu kastrieren, ist nicht nötig und wird in der Regel nur aus medizinischem Grund vorgenommen. Wenn Hündinnen in Ihrer Nachbarschaft in Hitze sind, wird das Ihren Rüden nicht sehr stark beeinflussen. Er wird erst etwas nervöser oder aufgeregter, wenn die Standhitze der Hündin ansteht. Das sind in der Regel ja nur 2–3 Tage während der Hitze. Die Probleme, die bei anderen Rassen auftreten, sind beim Beagle ausgesprochen selten. Er frisst weiter gut. Er ist vielleicht etwas anhänglicher und markiert draußen etwas mehr. Auch wenn ihm eine Hündin begegnet, die ganz zu Anfang ihrer Hitze ist, wird er höchstens schnüffeln und sie nicht bedrängen, sondern weitergehen. Sie werden sehr erstaunt sein, weil er nicht versuchen wird, sie zu besteigen. Das ist ganz typisch für einen Beagle. Dieses besondere Verhalten zeigt sich ganz deutlich, wenn Züchter ihre Hündin belegen lassen möchten. Viele Hündinnen stehen schon recht früh und animieren den Rüden. Ein erfahrener Deckrüde lässt sich davon nicht beeindrucken. Er schnüffelt an der Vulva der Hündin. Ist die Zeit noch nicht gekommen, wird er sie nicht decken. Hat die Hündin ihren Stehtag, lässt der Beagle-Rüde sich dagegen nicht lange bitten. Dieses instinktsichere Verhalten ist von unschätzbarem Wert. Es erleichtert das Leben mit einem Beagle-Rüden ungemein. Wenn Sie Ihren Hund als Welpe bekommen, hat er eventuell bereits beide Hoden im Hodensack. Falls bei Ihrem Rüden sich im Alter von acht Wochen der Hoden noch nicht im Hodensack befindet, sollte Sie das nicht beunruhigen. Bei einem Rüden können die Hoden bis zu einem Alter von sechs Monaten noch absteigen. Es ist ratsam, das ab und zu zu kontrollieren. Lassen Sie Ihrem Rüden Zeit und warten

Sie entspannt. Angst und Panik vor eventuell auftretendem Krebs sind oftmals unbegründet. Leider kann Krebs bei jedem Lebewesen und an jeder Stelle des Körpers auftreten. Sollte es zu Problemen kommen, besteht auch die Möglichkeit, nur den betroffenen Hoden operativ zu entfernen. Ist noch ein Hoden vorhanden, bleiben die Hormone im Gleichgewicht und der Hund kann sich voll und ganz entwickeln Das sollten Sie ganz sicher vor einer Operation abklären, da es leider schon vorgekommen ist, dass der Rüde als Kastrat aufgewacht ist.

Auch bei einem Rüden hat das fehlende Hormon nach der Kastration einen großen Einfluss auf den Körper: Fellveränderung, Gewichtszunahme, Muskelabbau trotz Bewegung, schnelle Alterung, eventuell Schilddrüsenprobleme und reduzierte Aktivität sind Dinge, die auftreten können. Manchmal entwickeln Kastraten auch den Duft einer in Hitze stehenden Hündin und werden dann von anderen Rüden belästigt oder besprungen.

Und der kastrierte Rüde könnte aufhören, das Bein zu heben und beginnen, Urin wie eine Hündin abzusetzen. So ist es einem Jäger mit seinem Münsterländer-Rüden ergangen, der seinen Hund zu erzieherischem Zweck einen Kastrationschip hat setzen lassen.

Bevor Sie diesen Schritt der Kastration gehen, empfiehlt es sich, erst einmal einen Kastrationschip zu setzen. Ist der Chip gesetzt, werden Sie bemerken, dass sich die Hoden stark verkleinern. Diesen Chip gibt es zum Beispiel mit einer Wirkung über sechs Monate. In dieser Zeit können Sie in Ruhe überlegen und schauen, ob sich Ihr Beagle verändert und wie andere Hunde auf ihn reagieren. Es ist nichts Endgültiges. Nach ca. sieben Monaten wirkt der Chip nicht mehr. Die Hoden bekommen wieder ihre normale Größe und der Beagle-Rüde ist wieder zeugungsfähig. Vielleicht warten Sie dann noch und schauen erst einmal, wie sich Ihr Beagle fühlt, wenn er wieder zeugungsfähig ist, und entscheiden sich gegen eine Kastration.

Im Alter kann die Prostata schon mal Probleme bereiten. Der Rüde wird dann Tropfen von blutigem Urin verlieren.

Oft trägt er die Rute nicht mehr und Sie sehen einen veränderten Bewegungsablauf. Auch das Urinieren und Absetzen von Kot macht ihm Probleme. Bitte stellen Sie ihren Beagle-Rüden zeitig Ihrem Tierarzt vor. Oft hilft eine Medikamentengabe.

Fazit: Nach jahrelanger Erfahrung bin ich zu dem Schluss gekommen, dass ich ausschließlich bei einer medizinischen Notwendigkeit meinen Beagle-Rüden und meine Beagle-Hündin kastrieren lasse. Keinen meiner Rüden habe ich jemals operativ kastrieren lassen Ich möchte mich so lange wie möglich an der fröhlichen, aktiven und jugendlichen Art meiner Beagle erfreuen.

DER KRANKE BEAGLE

Es gibt Tage, an denen fühlt sich Ihr Beagle nicht wirklich wohl und Sie sehen ihm an, dass er krank ist. Es gibt aber auch Momente, da sehen nur Sie, dass etwas nicht stimmt.

Meine Ruby schaute mich morgens irgendwie anders an. Als ich sie rief, kam sie nur widerwillig und schlief viel an diesem Tag. Ihr Futter hat sie aber gefressen. Es waren keine Anzeichen von Schmerzen zu sehen, kein Fieber, keine hellen Schleimhäute und keine Bauchkrämpfe. Den Kot hat sie normal abgesetzt. Die Abendmahlzeit erbrach sie nach einer Stunde. Daraufhin habe ich meiner Tierärztin eine Email mit genauer

Hoffentlich ein seltener Fall: der kranke Beagle.

Beschreibung geschickt. Am nächsten Morgen erbrach sie ihr Futter wieder nach einer Stunde, setzte aber keinen Stuhl ab. Meine Tierärztin bestellte mich für 13 Uhr in die Praxis. Ruby zeigte immer noch keine Symptome. Bei der folgenden Ultraschall-Untersuchung stellte man eine geglückte Trächtigkeit fest und leider auch etwas in ihrem Darm. Sie hatte beim Tauziehen mit meinen Beagle Teile eines Spieltaus gefressen. Die sofort eingeleitete Notoperation rettete ihr das Leben.
Mit dieser kleinen Geschichte möchte ich Ihnen zeigen, dass ein Beagle wirklich sehr robust ist und er seine Schmerzen oftmals nicht zeigt. Man sieht es an den Augen, dass etwas nicht stimmt. Vielleicht können Sie Ihre Wahrnehmung auch nicht gut einordnen. Trauen Sie Ihrer Intuition und gehen Sie der Sache auf den Grund. Manchmal ist auch eine zweite Diagnose hilfreich.
Mit der Checkliste Tierarztbesuch sind Sie für den anstehenden Tierarztbesuch gut vorbereitet. Sie kennen Ihren Beagle genau und wissen, wann etwas „seltsam“ an ihm ist. Manchmal hilft auch ein Gespräch mit Ihrem Züchter, um Sicherheit zu erlangen.
Sollte die Situation eintreten, dass Ihr Beagle krank ist und die Diagnose feststeht, halten Sie sich bitte genau an die Medikamentengabe und die Anweisung Ihres Tierarztes. Tabletten können Sie gut mit etwas Nassfutter mit hohem Fleischanteil geben. Wichtig ist nur, dass er sie wirklich gefressen hat.
Schauen Sie im Vorfeld nach einem Tierarzt, der jeden Tag Behandlungszeiten anbietet. Ein eigenes Labor für eine schnelle Blutuntersuchung spart kostbare Zeit für die Diagnose. Schauen Sie auch nach einer Tierklinik in Ihrer Nähe. Einige Tierärzte nehmen keine neuen Patienten an, daher ist es wichtig, sich früh genug um einen Tierarzt zu kümmern.
Seien Sie gut vorbereitet und hinterlegen Sie alle Adressen an einem sicheren Platz.

Nach kurzer Zeit war Ruby wieder fit.

Checkliste TIERARZTBESUCH

Wenn man alles schriftlich festhält, vergisst man nichts in der Aufregung. Dazu gehört:

- ☐ das Fieber-messen (38–39 °C ist normal)
- ☐ die Schleimhäute kontrollieren (beim Druck auf den Kiefer sollte sich die Stelle schnell wieder rot färben)
- ☐ Puls messen. Den Puls fühlt man am Innenschenkel des Beagle.
- ☐ Fütterung: Wann war die letzte Fütterung, hat der Hund erbrochen?
- ☐ Stuhlgang, Urin
- ☐ Wann hat er das letzte Mal Stuhlgang und Urin abgesetzt? Eventuell Kotprobe mitnehmen, wenn Durchfall das Problem ist, und eine Urinprobe, wenn zu häufiges Urinieren das Problem ist. (Urin mit Suppenkelle auffangen und in ein steriles Gefäß füllen.)

CHERRY EYE

Als Cherry Eye bezeichnet man den Austritt der Tränendrüse am unteren Lidrand. Plötzlich ist ein roter Knubbel in der Größe einer kleinen Erbse am unteren Lidrand sichtbar. Meistens nur an einem Auge, es kann aber auch beidseitig auftreten. Früher hat man die Drüse operativ entfernt, was in manchen Fällen zu trockenen Augen führte. Heute wird die Drüse wieder an ihren Platz gelegt und die Öffnung vernäht. Das ist kein großer Aufwand und die Erkrankung tritt selten auf.

DURCHFALL

Durchfall beim erwachsenen Beagle ist in der Regel nicht bedrohlich. Er kann mehrere Ursachen haben. Manchmal kommt es vor, dass Ihr Beagle etwas Essen geklaut hat, was nicht für ihn bestimmt war.
Es kommt auch vor, dass er die Gunst der Stunde genutzt hat und sich an seiner Futtertonne bedient hat. In solchen Fällen hilft es, Ihren Beagle 24 Stunden fasten zu lassen. Allerdings muss immer Wasser zur freien Verfügung stehen.
Futterumstellung und Stress können auch ursächlich für leichten Durchfall sein. Auch das Trinken aus einem Wassernapf, der vor einem Geschäft steht, oder einer Vogeltränke kann Durchfall auslösen. Tritt nach zwei Tagen keine Besserung ein, suchen Sie bitte einen Tierarzt auf.
Einen Parasitenbefall sollte man auch in Betracht ziehen. Er kann auch für Durchfall verantwortlich sein. Sammeln Sie für

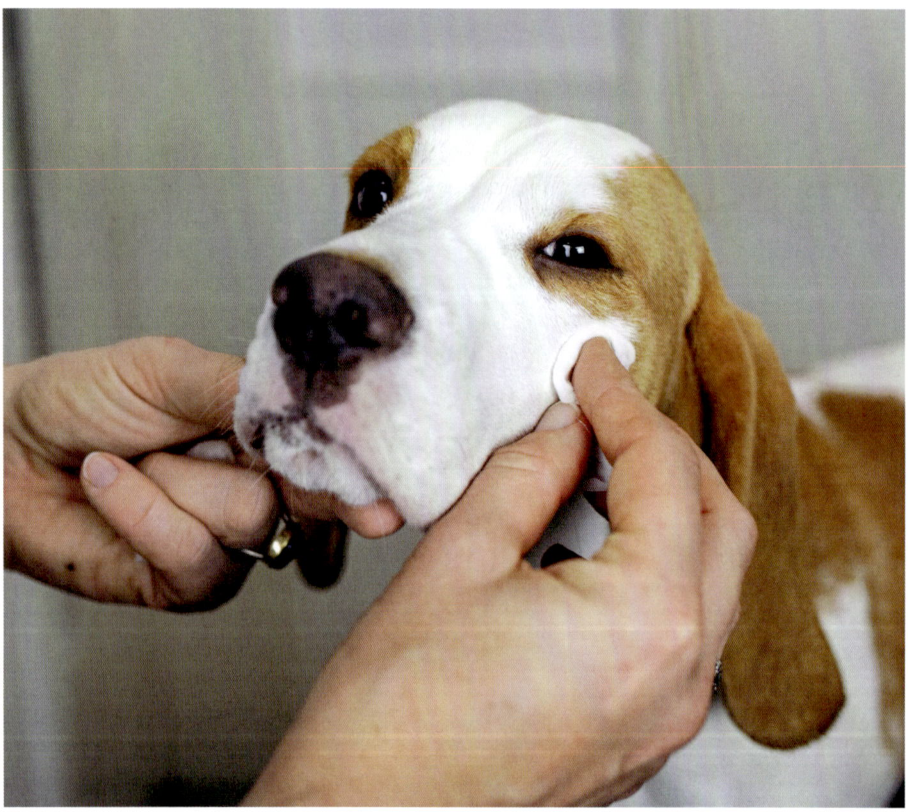

Bei der regelmäßigen Kontrolle der Augen bemerken Sie sofort, wenn etwas nicht stimmt.

eine Kotuntersuchung drei Tage den Kot. Bitte nur eine kleine Menge von Kot pro Tag. Geben Sie sie bei ihrem Tierarzt ab. Wurmeier nehmen Hunde über die Nase und das Maul auf. Aus diesem Grund lassen Sie Ihren Beagle nicht an dem Kot anderer Hunde riechen. Ein weiterer Überträger ist Mäusekot. Das gestaltet sich natürlich schwieriger. Erklärt uns aber, wieso Welpen, die keinen Kontakt zu anderen Hunden hatten, auf einmal Würmer haben.
Bei einem Welpen kann Durchfall lebensbedrohlich sein. Damit ist ein Hydrantenstuhl gemeint. Dabei verliert der Welpe so viel Flüssigkeit, dass unter den schlimmsten Umständen eine Infusion nötig ist. Mit der gesammelten Kotprobe kann Ihr Tierarzt sofort die nötigen Untersuchungen machen. Eine Untersuchung auf Parasiten dauert ungefähr eine Stunde. So kann Ihrem Beagle schnell geholfen werden.

OHRMILBEN

Ohrmilben verursachen starken, übel riechenden Ohrenschmalz und starken Juckreiz. Wenn Ihre Beagle diese Symptome zeigt, benötigt er eine genaue tierärztliche Untersuchung mit entsprechender Medikamentengabe. Hat er nur starken Ohrenschmalz, schauen Sie auf Seite 47 unter Pflege.

HUSTEN

Die Ursachen von auftretendem Husten können unterschiedlich sein. Fälschlicherweise bezeichnet man den Husten als Zwingerhusten. Tatsache ist, dass der Zwingerhusten bei allen Hunden auftreten kann. Das Virus verbreitet sich durch Tröpfcheninfektion.
Ihr Beagle kann sich durch Spielen oder Beschnüffeln anstecken. Hunde sind schon einige Tage vor dem Ausbruch des Hustens ansteckend. Meistens hört man es schon von anderen Hundebesitzern in seiner Nachbarschaft, dass der Husten vermehrt auftritt. Meiden Sie in der Zeit Kontakt zu anderen Hunden.
Der Husten äußert sich bei Ihrem Beagle durch weißen, schaumigen Auswurf, den er mit bellartigem Geräusch versucht auszuspucken. In der Zeit braucht er Ruhe und sollte nicht spazieren gehen. Bitte melden Sie sich beim Tierarzt. Informieren Sie bitte das Personal bei der Anmeldung, dass Ihr Beagle Zwingerhusten hat, damit Ihr Hund nicht noch andere Patienten ansteckt. Spezieller Hustensaft und eventuell noch Medikamente schaffen schnell Erleichterung. Die meisten Tierärzte empfehlen eine Impfung gegen Zwingerhusten. Sie wird als Kombiimpfung verabreicht. Manchmal bekommen die Hunde trotz der Impfung eine abgeschwächte Form des Zwingerhustens. In einem solchen Fall niest und röchelt Ihr Hund nur etwas und fühlt sich nicht krank. Falls so etwas auftritt, vermeiden Sie bitte jeglichen Hundekontakt. Es besteht die Möglichkeit, dass Ihr Hund die Zwingerhusten-Viren übertragen kann. Seit einiger Zeit ist eine nasale Impfung wirkungsvoller. Gerade wenn Sie viel Hundekontakt haben, mit Ihrem Beagle auf dem Hundeplatz trainieren, jagdlich arbeiten oder auf Hundeausstellungen gehen, ist das eine sicherere Impfung.
Eine andere hartnäckige Hustenform ist der durch Lungenwürmer ausgelöste Husten. Überträger ist eine Schnecke. Durch Kotuntersuchung ist ein Befall schnell diagnostiziert und mit entsprechendem Wurmmittel zu behandeln. Siehe Würmer Seite 59.
Eine weitere Form ist der Herzhusten, der im Alter aufgrund einer Herzerkrankung auftreten kann. Diese Hustenform kann von Ihrem Tierarzt mit Medikamenten behandelt werden. Das verschafft Ihrem Beagle eine deutliche Verbesserung seines Algemeinbefindens. Es handelt sich dabei um eine medikamentöse Dauerbehandlung.

Ein Auszug aus meiner Mini-Meute: Großmutter 12 Jahre, Tochter 8 Jahre , Enkel 2 Jahre und Enkel 3 Jahre.

DER ALTE BEAGLE

Ein in die Jahre gekommener Beagle ist etwas Wunderbares. Im Grunde merkt man es ihm gar nicht an. Er ist immer noch lebenslustig und versucht, weiterhin eigenständig alle seine Probleme zu lösen.

Mit einem großen Unterschied. Man versteht sich ohne Worte, weil man zu einem engen Team zusammengewachsen ist. Man respektiert sich gegenseitig und passt seine Aktivitäten den gegenseitigen Befindlichkeiten an. Man ist in allen Dingen der gleichen Meinung wie der Beagle, daran hat sich nichts geändert. Er ist ein gut erzogener Beagle.
Auch ein Beagle kann Arthrose bekommen. Die Bewegungen sehen dann steif aus und er muss sich erst einmal einlaufen. Manchmal verändert sich das Verhalten anderen Hunden gegenüber, indem er ihnen ausweicht oder die Haare hochstellt. Das sind meistens Anzeichen für Schmerzen. Auch Fellveränderungen, Müdigkeit und aggressives Verhalten können Symptome sein. Lassen Sie das bitte vom Tierarzt abklären.
Alte Beagle werden in der Regel taub. Durch die vielen Jahre ist man zu einem Team zusammengewachsen und merkt es oft recht spät. Wenn Sie die Kühlschranktür öffnen und Ihr Beagle schläft weiter, ist das ein deutliches Zeichen. Es kann auch passieren,

dass Ihr Beagle ganz tief und fest im Korb schläft und Sie ihn streicheln, worüber er sich so sehr erschreckt, dass er aus Versehen schnappt. Nehmen Sie es ihm nicht übel, er hat Sie nicht gehört. Wenn die Situation eintritt und Sie ihn wecken möchten, halten Sie erst Ihre Hand vor seine Nase. Er riecht sie und wird ganz entspannt die Augen öffnen. Nun profitieren Sie von den Handzeichen, die Sie Ihrem Beagle schon als Welpe beigebracht haben. Es kommt auch vor, dass der Beagle im Alter hustet. Dabei kann es sich möglicherweise um Herzhusten handeln. All diese Altersbeschwerden lassen sich vom Tierarzt gut behandeln und Ihrem Beagle noch einen schönen Lebensabend bereiten. Irgendwann kommt aber auch der Tag, an dem Sie ihn von seinem Leiden erlösen müssen. Denken Sie immer an die wunderbaren Jahre und die vielen schönen Dinge, die Sie gemeinsam unternommen haben. Ihr Tierarzt wird bestimmt zu Ihnen nach Hause kommen. Das sind Sie Ihrem Beagle-Kameraden schuldig.

AUF EINEN BLICK

Freuen Sie sich über die Entwicklungsphasen Ihres Beagle und lassen ihn nur kastrieren, wenn das medizinisch notwendig sein sollte.

Beobachten Sie Ihren Beagle und richten Sie sich eine Notfall-Apotheke ein.

Denken Sie an den jährlichen Impftermin und sorgen Sie für die Parasiten-Prophylaxe.

Gehen Sie zum Tierarzt, wenn es dem Beagle nicht gut geht.

IMMER MIT DABEI
— *Erziehung, Ausbildung, Beschäftigung*

ERZIEHUNG

In den folgenden Kapiteln werden wir uns mit Gestaltungsfragen der Erziehung intensiv beschäftigen. Wie gestalte ich das Leben mit meinem Beagle im Alltag? Wie werde ich im fairen Umgang den Bedürfnissen des Beagle gerecht?

Für einen Beagle-Welpen sowie einen erwachsenen Beagle ist in keiner Situation eine Zwingerhaltung denkbar, das schließt auch eine Zucht- und jagdliche Verwendung in Zwingerhaltung ausschließlich aus! Wir Beagle-Besitzer haben verschiedene Möglichkeiten, positiv auf den Beagle einzugehen. Dazu verwenden wir die Beobachtung, die Reflektion und die schnelle Reaktionsgabe, die immer mit voller Aufmerksamkeit beim Beagle sein sollte. Zur Unterstützung können wir unsere Stimme, Handsignale und unsere Körpersprache zur Ausgestaltung des Übungsablaufs einsetzen.

Die Wahl der Übungsorte entscheidet oft über den Erfolg des Trainings. All diese Faktoren festigen die Beziehung zu Ihrem Beagle, die Sie schon durch Körperkontakt aufgebaut haben, nachhaltig.

Kommen wir nun zu den verschiedenen Beschäftigungsmöglichkeiten. Einige Beschäftigungen richten sich nach den Verwendungsmöglichkeiten und natürlich den Vorlieben Ihres Hundes. Damit ist Folgendes gemeint:

Ein Beagle, der für die jagdliche Nachsuche eingesetzt werden soll, wird in den meisten Fällen von Anfang an durch kleine Fährtenarbeit an seine spätere Arbeit herangeführt. Bei einem in der Familie lebenden Beagle wird der Fokus eher auf Intelligenzspielen und Spaziergängen liegen. Natürlich wird jeder Beagle-Besitzer die Vorlieben des eigenen Beagle dabei berücksichtigen wollen. Tägliche gemeinsame Spaziergänge sind für jeden Beagle für ein artgerechtes Zusammenleben eine Grundvoraussetzung.

Eine Übungseinheit für die Nachsuche.

Vom ersten Tag an fordert Ihr neuer Mitbewohner Ihre Geschicke in der Hundeerziehung heraus.

BEGINN DER ERZIEHUNG

Die Erziehung eines Beagle-Welpen beginnt in dem Moment, wenn er bei Ihnen einzieht. Ihr Züchter hat Ihnen bestimmt gute Ratschläge mit auf den Weg gegeben und Sie haben mit Sicherheit viele Informationen aus Büchern und aus Fernsehsendungen gesammelt. Fangen Sie mit kleinen Schritten an und setzen Sie sich nicht unter Druck.

Wenn Sie Ihr neues Familienmitglied immer liebevoll, konsequent und respektvoll behandeln, wird er Sie als Meute-Chef akzeptieren und sich zu einem treuen Partner entwickeln. Dazu gehören auch eindeutige Kommandos und viel Lob. Durch die starke Bindung, die vom ersten Augenblick an aufgebaut wurde, wird er zu einem treuen Gefährten.

Haben Sie bei der Erziehung Ihres Beagles nicht den gewünschten Erfolg, dann suchen Sie sich bitte einen guten Ausbilder. Er wird schnell die Ursache finden. Es gibt sie in jedem Bereich des Hundesports. In den meisten Fällen sind es erfolgsorientierte Spezialisten, die jahrelange Erfahrung in ihrem Bereich gesammelt haben. Auch das zusätzliche Filmen ist eine sinnvolle Ergänzung und dient der Selbstkontrolle. Ein Beispiel: Schon eine falsche Körperhaltung zur Unterstützung des Kommandos kann den gewünschten Erfolg scheitern lassen.

ERZIEHUNGSZIELE FESTLEGEN

Nun kommen wir zu den Dingen, die sich ganz leicht realisieren lassen und Ihnen das Leben phänomenal erleichtern können. Dazu gehören die Struktur, der Plan, die

Transparenz und natürlich die Familie, die Ihnen unterstützend zur Seite steht. Ein guter Anfang ist die Erstellung einer Liste mit Erziehungszielen. Diese Liste setzt man am besten mit der ganzen Familie auf, dann ist der erste Schritt getan. Alle Familienmitglieder machen sich gemeinsam über das Erziehungsziel Gedanken. Teamarbeit ist für einen entspannten Start mit Ihrem neuen Familienmitglied die beste Voraussetzung.
Auf der zweiten Liste sollten die Dinge aufgelistet werden, die Sie nicht wünschen. Jede Familie legt auf andere Dinge wert. Diese Liste hängen Sie am besten gut sichtbar an den Kühlschrank.
Grundsätzlich hat die ganze Familie den gemeinsamen Wunsch. Sie möchte einen wohlerzogenen Beagle. Um dieses Ziel zu erreichen, sollte jedes Familienmitglied die gleichen Kommandos geben und bei Erfolg sofort loben. Achten Sie gegegseitig darauf, dass sie auch verwendet werden. Stellen Sie sich folgende Situation vor: Person 1 spricht den Welpen mit seinem Namen an. Der Welpe ist aufmerksam. Nun sagt Person 1 „Hier" und nach Erfolg (Hund kommt heran) lobt sie. Person 2 ruft nur „Hier" und wartet. Person 3 dreht sich um und ruft „Hier". Alle Personen wollen, dass der Welpe kommt. Nur bei Person 1 ist er gekommen. Jetzt denken Sie bestimmt, so etwas passiert bei uns nicht. Aus meiner Erfahrung muss ich Ihnen leider widersprechen. Jeder Mensch benutzt bestimmte Redewendungen. So ist es auch in meiner Familie. Wenn meine Beagle auf ihren Platz gehen sollen, benutze ich das Wort „Hundeplatz" und lobe sie bei Erfolg. Meine Familie wechselte oft den Begriff und sagte „Korb" oder „Box" mit dem Ergebnis, dass ein junger Beagle verunsichert war und aus diesem Grund nicht gehorchte und die erwachsenen Beagle zu schlau waren und nur dann gehorchten, wenn sie Lust hatten. Mit dem Ergebnis, dass sie oft nicht gehorchten und „stur" waren. Oft wurde nicht das richtige Kommando gegeben.
Eine Lösung musste her. Ich schrieb eine Liste mit den wichtigsten Kommandos und den dazugehörigen Konditionierungsworten. Da der Kühlschrank der meistbenutzte Schrank in meiner Familie ist, hängte ich die Liste dort auf. Seit der Zeit funktionierte es besser.
Mittlerweile haben auch wir uns auf das gleiche Kommando geeinigt. Mit den Jahren sind wie uns alle einig, dass der Beagle nicht dickköpfig, sondern schlau ist. Er nutzt sofort die Gelegenheit, nicht zu gehorchen, wenn das Kommando nicht korrekt ist. Er lebt im Jetzt und plant nicht. Ein Beagle möchte Ihnen immer gefallen. Bitte kommen Sie nie auf den Gedanken, dass er Sie ärgern möchte, falls Ihr Beagle mal nicht gehorcht.

WICHTIGE KOMMANDOS

Nach so viel Theorie und Gedanken vorab kommen wir jetzt zur Praxis. Es gibt wichtige Kommandos, die Ihr Beagle lernen sollte. Die gebräuchlichsten sind:

— Hier (oder „Komm")
— Sitz
— Platz
— Zurück
— Warte
— Bleib
— Steh
— Aus
— Auflösung

All diese Kommandos erleichtern Ihnen und Ihrem Beagle das Leben ungemein. Es gibt Ihnen auch eine gewisse Sicherheit. Denn mit entsprechendem Kommando haben Sie die Möglichkeit auf sein Verhalten gezielt Einfluss zu nehmen und Gefahr von ihm abzuwenden. Außerdem gibt es Ihrem Beagle Sicherheit und stärkt zusätzlich die Bindung. Ihr Beagle hat mit der Zeit gelernt, dass Sie ihm mithilfe der Kommandos sagen, was Sie von ihm erwarten. Lassen Sie es uns als das kleine Einmaleins eines gut erzogenen Beagle bezeichnen. Zur Umsetzung oder einem möglichen Übungsablauf kommen wir später. Vorab noch etwas Wichtiges zur Theorie. Sie erleichtert die Praxis und öffnet Ihnen die Augen zur Sicht auf das Wesentliche. Wie zum Beispiel die Tatsache, dass ein Welpe und Junghund sehr viel Schlaf und Ruhe braucht, um ein entspannter Beagle zu werden. Nicht zu vergessen geregelte Fütterungszeiten und die dem Alter und der Aktivität angepasste Futtermenge. Erwarten Sie nicht zu viel von Ihrem neuen Freund. Messen Sie ihn nicht nach seiner Leistung, sondern erfreuen Sie sich an den manchmal winzig kleinen Fortschritten. Um das zu erreichen, brauchen Sie Zeit,

Sehr hilfreich ist es, wenn der Welpe lernt, in seiner Box zur Ruhe zu kommen.

Ihr Beagle wird auch von anderen Hunden durch Beobachtung lernen.

Geduld und Humor. Man muss zunächst zusammenwachsen und sich gegenseitig vertrauen lernen, um ein Team zu werden. Das Erarbeiten jedes einzelnen Kommandos sollte Ihnen beiden Spaß machen. Wenn Sie sich nicht gut fühlen, Ihr Kleiner gerade gefressen hat, vielleicht vollkommen überdreht oder müde ist, trainieren Sie bitte nicht. Legen Sie Ihn in seine Schlafbox. Das ist sein Rückzugsort und dann wird er schnell zur Ruhe kommen und fest schlafen. Auch ein Training unter Zeitdruck wird für beide Teile nicht erfolgreich enden.

TRAININGSKALENDER

Um mich selbst zu kontrollieren, habe ich mir einen Trainingskalender zugelegt. Darin habe ich mit einem Smily notiert, ob das Kommando funktioniert hat oder nicht, außerdem wo und wie ich trainiert habe. Da der Beagle alles Neue immer sehr schnell lernt, fiel das Training oft nicht so intensiv aus. Wenn es dann auf einmal nicht lief, schaute ich in meinen Kalender und suchte nach dem „Warum“. Zu meinem Erstaunen musste ich feststellen, dass ich nicht ausreichend oft geübt hatte. Also legte ich meine „Trainingsstunden“ beiläufig in meinen Tagesablauf. Ich nutzte die gemeinsame Zeit während meiner Hausarbeit, um die Kommandos „Sitz“, wenn ich etwas aufheben musste oder „Zurück“, wenn ich das Zimmer verlassen wollte, zu festigen. Weil man bei der Hausarbeit immer viel in Bewegung ist, sind die Übungen immer sehr kurz ausgefallen und der kleine Welpe konnte sich zwischendurch immer mit sich selbst beschäftigen. Eine Überforderung war somit ausgeschlossen.

Durch diese gut genutzte Zeit und das spielerische Training haben alle meine Beagle die für meine Familie wichtigen Kommandos recht schnell gelernt. Vielleicht ist das auch für Sie eine gut umsetzbare Möglichkeit.

Sehr hilfreich ist im Kennenlernen der Ausdrucksformen Ihres Beagles das Beobachten. Wie er zum Beispiel mit seinen Spielkameraden in Kontakt tritt und wie die Spielkameraden darauf reagieren. Dabei zeigt der Beagle uns Menschen ganz deutlich, was er ausdrücken will. Mit der Zeit werden Sie seine Körpersprache zu lesen gelernt haben.

Der Welpe lernt, dass er nicht überall mit hinkann.

ALLEINBLEIBEN

In den ersten Wochen sollte der Welpe nie alleine gelassen werden. Um die starke Bindung, die der Züchter durch intensive Zuwendung aufgebaut hat, nicht zu enttäuschen, gilt es nun, sie weiter aufzubauen. Dazu gehört auch viel Zeit, in den ersten Wochen 24 Stunden, die man mit seinem Welpen verbringt.
Da der Beagle ein Meute-Hund ist, fällt ihm das Alleinbleiben oft schwer. In den ersten neun Wochen seines Lebens war er nie alleine. Er wurde immer von seiner Mutterhündin und dem Züchter 24 Stunden täglich beschützt. Es ist daher vollkommen normal, dass der Welpe schreit, sobald er alleine ist, da er der Situation noch nicht gewachsen ist. Es schadet im Alltag der Bindung, wenn Sie ihn jaulen lassen. Sie haben mit dem Einzug Ihres Beagle diesen Part der Fürsorge übernommen. Gewöhnen Sie sich daran, dass Ihr Welpe die ersten Wochen immer hinter Ihnen herläuft. Lassen Sie es zu.
Wenn Ihr Welpe entspannt in seinem Körbchen schläft, Sie das Zimmer verlassen können, ohne dass er hinter Ihnen herläuft, beginnt ein guter Übungsmoment. Wie Sie sehen, kann es ein längerer Weg sein, bis Sie Ihn für ein paar Minuten alleine lassen können. Deswegen gebe ich meinen Welpenkäufern Folgendes mit auf den Weg. Ein Beagle-Welpe braucht oft bis zu drei Wochen, bis er in seinem neuen Zuhause angekommen ist. Die Trennung von seiner Beagle- und der Züchterfamilie fällt manchem Welpen schwer.

Lassen Sie ihm entsprechend Zeit, sich einzugewöhnen. Diese Zeit bietet sich an, um sich gegenseitig richtig kennen zu lernen. Spielen Sie mit Ihrem neuen Familienmitglied, wenn er wach ist. Bitte wecken Sie ihn nicht auf, sondern warten bis er ausgeschlafen ist. Eine fünf minütige Spielzeit ist oft schon recht viel für einen kleinen Beagle. Setzt er sich hin, oder legt sich in sein Körbchen reicht es. Als erste kleine Übung, um ihm das Alleinsein beizubringen, bietet sich an, dass Sie ganz selbstverständlich den Müll nach draußen bringen.

Bevor Sie den Müll wegbringen, bekommt Ihr Beagle zur Ablenkung einige Minuten vorher etwas zu knabbern. Wenn er genüsslich kaut, verlassen Sie mit dem Müll die Wohnung. Wenn er beim Betreten der Wohnung noch knabbert, beachten Sie ihn erst einmal nicht. Hat sich Ihr Beagle während Ihrer Abwesenheit ruhig verhalten und läuft zur Begrüßung auf Sie zu, wird er von Ihnen liebevoll gestreichelt. Aber bitte nicht so übertrieben. Einfach nur ein kurzer Körperkontakt. Schenkt man diesem Ritual keine besondere Beachtung und wiederholt es jeden Tag, lernt Ihr kleiner Freund sehr schnell, dass er nicht übersteigert zu reagieren braucht.

Es ist sehr wichtig, dass Sie alles ganz entspannt angehen. Je selbstverständlicher Sie die Übungen angehen, umso entspannter ist Ihr kleiner Beagle. So zeigen Sie Ihrem Welpen, dass Sie ihm schon etwas zutrauen. Auch diese kurze Trennung muss sich festigen.

Sobald Ihr kleiner Beagle all seine nötigen Impfungen bekommen hat, steht einem regelmäßigen Besuch einer Welpen-Spielgruppe nichts mehr im Weg. Sie wird von diversen Hundeschulen und Hundevereinen angeboten. Auch in den Landesgruppen des BCD e. V. werden Sie fündig. Dort hat er unter Aufsicht seine für die Entwicklung nötigen sozialen Kontakte. Auch hierbei lernen Mensch und Beagle vor allem durch Beobachtung.

Ihre volle Konzentration muss immer auf Ihren Beagle gerichtet sein. Nach dem Training ist noch genug Zeit, sich mit den teilnehmenden Hundebesitzern zu unterhalten.

Um seine Erziehungsziele nicht aus den Augen zu verlieren, ist ein Blick auf die Liste mit den Erziehungszielen hilfreich. Diese können recht unterschiedlich zu denen anderer Hundebesitzer sein. Das sollte Sie nicht stören. Die Entscheidung liegt bei Ihnen, was, wie viel, wie schnell und welches Kommando Ihr Beagle lernen soll.

Die frei zugängliche Hundebox ist für den kleinen Welpen ein entspannter Rückzugsort.

MENSCH-HUND-TEAM: DIE BINDUNG

Für mich ist es eines der wichtigsten Themen und ich hoffe, dass Sie, nachdem Sie dieses Kapitel gelesen haben, mir zustimmen werden.

Vorsichtig und spielerisch nehme ich den Welpen auf den Arm.

Mit einer starken Bindung legen Sie den Grundstein zu einer soliden, erfolgreichen Erziehung und einem gewinnbringenden harmonischen Zusammenleben mit Ihrem treuen Freund. Wie kann es Ihnen gelingen, einen treuen Partner für ein langes Beagle-Leben zu erhalten?

Die Schlüssel zu allem sind: Bindung, Vertrauen und Zuverlässigkeit. Wenn Sie es schaffen, diese drei wichtigen Punkte zu Ihrem Beagle aufzubauen, steht dem Erreichen des Zieles nichts mehr im Weg.

Jeder Beagle-Besitzer wünscht sich einen zuverlässigen Hundepartner und bekommt von Freunden und Medien eine ganze Menge gut gemeinter Ratschläge. Diese Ratschläge beziehen sich zum größten Teil auf die Erziehung des Welpen und nicht auf den Bindungsaufbau.

In den zwölf Generationen von Beagle-Welpen, die ich seit 1988 gezüchtet und teilweise aufgezogen habe (Stand 2023), zeigten mir meine Beagle ganz klar, wie Bindung wachsen kann und wie immens wichtig sie ist. Einen möglichen Weg zum Bindungsaufbau möchte ich Ihnen ans Herz legen.

Die Bindung entsteht durch Vertrauen, respektvolles Verhalten dem Hund gegenüber und verlangt von Ihnen, umsichtig mit Ihrem Beagle umzugehen und seine Körpersprache zu studieren. Diese ist stets Ausdruck seiner emotionalen Reaktion auf einen inneren oder äußeren Reiz. Jeder Hund verständigt sich über Körpersprache. Und so teilt er seine Gefühle seiner Umwelt mit. Seien Sie daher achtsam und schauen

Der Welpe genießt den Körperkontakt mit seiner Familie.

Sie genau hin. In den vielen Jahren, in denen ich mit meinen Beagle zusammenlebe, lerne ich immer noch dazu.
Manche Art, etwas mit meinen Hunden umsetzen zu wollen, musste ich, animiert durch ihre Körpersignale, korrigieren. Die Reaktion meiner Beagle auf die Veränderungen kam immer prompt und half mir sehr, meinen Weg zu finden.

GRUNDSTEIN FÜR EINE GUTE BINDUNG

Beginnen wir mit der Grundsteinlegung für eine gute Bindung, die mit dem Einzug Ihres neuen Familienmitglieds beginnt. Wenn ich einen Welpen behalte, habe ich immer folgendes Ritual. Die benutzten T-Shirts der Familie liegen im Schlafplatz des Welpen. Wann immer ich Zeit habe, nehme ich den Beagle-Welpen auf meinen Schoß, drehe ihn spielerisch auf den Rücken und streichele seinen Bauch. Dieses Ritual dient der Bindung. Je mehr er Ihnen vertraut, um so entspannter wird er. Und wenn ich mich auf das Sofa lege, liegt der Welpe bei mir. Das Kontaktliegen ist ein ganz wichtiger Baustein für die Bindung. Nun werden Sie sagen, der Welpe ist bei Ihnen geboren und hat schon eine enge Bindung aufgebaut. Das ist wahr, aber nun kommt die Prägephase und ich möchte nicht, dass mein Beagle-Welpe nur Anschluss an meine Mini-Meute nimmt. Also muss ich intensiv und aktiv an unserer Bindung arbeiten. Nachts schläft der Welpe daher in einer Box neben meinem Bett. So kann er meine Atmung hören und fühlt sich nicht allein. Wird er wach, gehe ich mit ihm kurz auf die Hundetoilette, anschließend kommt er wieder in seine Schlafbox und wir schlafen gemeinsam weiter.
Dieses Ritual habe ich zu Anfang aus pragmatischen Gründen angewendet. Der Beagle-Welpe wurde so ganz schnell sauber und er gehorchte viel schneller, da ich immer in seiner Nähe war. So präge ich meine Beagle-Welpen ganz intensiv auf mich.

Über die Schnauze lecken ist eines der häufigsten Beschwichtigungssignale.

BESCHWICHTIGUNGSSIGNALE

Durch Gespräche mit anderen Hundebesitzern wurde ich auf „Beschwichtigungssignale des Hundes“ aufmerksam. Das Interesse an diesem Thema war bei mir sofort geweckt.

Seit dieser Zeit beschäftige ich mich intensiv mit der Beobachtung der Hunde im Allgemeinen. Das hat mir einen Weg gezeigt meine Beagle, meine Beagle-Welpen und andere Hunde besser verstehen und einschätzen zu können. Dabei fand ich für folgende, für mich im Raum stehende Fragen, viele weiterführende Anregungen und Antworten.

Wie unterhalten sich die Hunde eigentlich untereinander? Was teilen sie sich bei einer zufälligen Begegnung schon über Distanz mit? Wieso gehorchen die Welpen und die Junghunde in der Meute dem älteren Beagle so gut? Wie signalisieren meine Beagle anderen Hunden, dass sie so unglaublich verträglich sind? Warum geben meine Beagle den anderen Hunden so eindeutige Signale? Weshalb reagieren die meisten Hunde so gut auf die Signale meiner Beagle?

Unter Beschwichtigungssignalen versteht man Signale, die ein Hund aussendet, um dem anderen Hund zu zeigen, dass von ihm keine Gefahr ausgeht. Nicht nur das, alle Hunde egal welche Rasse, kommunizieren über gleiche Beschwichtigungssignale. Sie nehmen gegenseitig

Der Welpe zeigt dem erwachsenen Beagle seine Unterwürfigkeit durch Belecken der Lefze.

Kontakt auf, animieren zum Spiel, schlichten Streit und noch vieles mehr. Hier möchte ich Ihnen einige Beispiele nennen.

GÄHNEN

Die ersten Signale sendet ein Welpe oft schon im Alter von vierzehn Tagen. Sobald ich den Welpen auf den Arm nehme beginnt er zu gähnen. Er gähnt nicht, weil er müde ist, er beschwichtigt. Dieses Gähnen ist mir dann auch in unterschiedlichen Situationen aufgefallen. Auf einer Hundeausstellung mit meiner Hündin konnte ich Folgendes an meiner Beagle-Hündin beobachten. Ich möchte vorausschicken, dass der Richter eine sehr imposante Persönlichkeit war. Zur Bewertung muss der Hund auf einem Ausstellungstisch stehen. Da meine Hündin dieses Prozedere kannte, stand sie ganz ruhig auf dem Tisch. Als der Richter frontal auf meine Beagle-Hündin zuging, fing sie überdeutlich an zu gähnen und hörte erst auf als er vorbei war. Sie stand perfekt ruhig, aber sie gähnte. Für sie war der Richter eine große Bedrohung und ich denke, dass sie nur wegen unserer starken Bindung so ruhig blieb und es einfach ertrug. Der Richter hat es damals nicht verstanden und meinte, sie wäre müde.
Bei meinen Freilauf-Übungsspaziergängen, bei denen ich nur zwei Beagle mitnehme, profitiere ich von den Beschwichtigungssignalen meiner Alphahündin. Sie bleibt an der Leine und der Junge läuft frei. Zu meinem großen Glück erlaubt meine Alphahündin keinen Ungehorsam. Wenn ich den Rückruf einsetze und der Kleine kommt nicht sofort, wird er von meiner Alphahündin zurechtgewiesen. Sie setzt dabei immer die Beschwichtigungssignale ein. So lernt er ganz schnell, was er zu tun hat.

DEESKALATION

Außerdem ist mir bei meinen Welpen, sowie bei meinen erwachsenen Beagle Folgendes aufgefallen. Sobald einem Beagle das Spielen, das gegenseitige Jagen oder das Raufen zu unangenehm wird, dreht er dem Verursacher sein Hinterteil zu. Das Ergebnis ist erstaunlich: Er wird nicht länger bedrängt und alle sind wieder entspannt. Auch die aggressive Stimme oder Auftreten, sowie eine spannungsgeladene Auseinandersetzung in der Familie löst bei einem Beagle, der sehr sozial und freundlich ist, großen Stress aus. Er zeigt sofort über seine Körperhaltung Beschwichtigungssignale.

Mache wenden ihren Kopf ab, lecken sich verstärkt über das Maul, beginnen unaufhörlich zu gähnen oder werden stocksteif und bewegen sich keinen Zentimeter.
Es sieht aus, als wären sie eingefroren und reagieren nicht, bis sich die Situation wieder entspannt hat.
Hier sehen Sie ganz deutlich an Ihrem Beagle, der Ihnen wie ein Frühwarnsystem zeigt, wenn der „Haussegen" anfängt zu kippen, oder Personen „unangenehm" auftreten. Oft lange, bevor wir Menschen die Situation entsprechend wahrnehmen. Genauso verhält es sich, wenn Sie Ihrem Beagle voller Zorn Kommandos geben. Er wird versuchen, seine Beschwichtigungs-

In der Meute verständigen sich die Hunde mit körpersprachlichen Signalen.

signale einzusetzen. Seien Sie aufmerksam und achten Sie auf diese Zeichen. Zorn oder Aggression hat in der Beagle-Haltung nichts zu suchen. Aggressives Verhalten Ihres Beagle gegenüber zerstört die bis dahin aufgebaute Bindung.
Wählen Sie immer den freundlichen Weg bei Ihnen zu Hause, auf dem Hundeplatz, bei Spaziergängen und bei Kontakt mit anderen Hunden. Wenn Sie das Gefühl haben, dass Ihr Beagle mit der Situation noch nicht zurechtkommt, geben Sie ihm, indem Sie ihn aus der Situation holen, ein deutliches Zeichen, dass Sie ihn verstehen. Ihr Beagle muss das nicht ertragen. In meiner Mini-Meute habe ich oft beobachten können, dass sich meine älteren Beagle in so einer Situation beschützend seitlich dazwischen gestellt haben.
Machen Sie es genauso und Ihre Bindung zu Ihrem Beagle wächst und wird immer stärker. Mit der Zeit werden Sie immer mehr Signale erkennen und Ihren Beagle immer besser verstehen und einschätzen können.

LERNEN DURCH BEOBACHTEN

Zu meinem großen Glück habe ich meine Mini-Meute, die ich täglich beobachten kann. Da bei mir mehrere Generationen miteinander leben, ist die Rangordnung geklärt. Spielaufforderungen meiner Junghunde, Streitschlichtung durch die Alphahündin und die Erziehungsaufgaben der älteren Beagle sind tägliche Routine. Wenn ich ehrlich bin, erzieht mir meine Alphahündin die Mini Meute. Wenn ein Junghund im Freilauf nicht gehorcht, wird er von meiner Hündin zurechtgewiesen. Viele kleine Verhaltensauffälligkeiten werden von ihr ganz souverän korrigiert. Dieses Verhalten resultiert durch die unglaublich enge Bindung, die wir gemeinsam in den Jahren aufgebaut haben. Junge Beagle, die sich nicht an die Meute-Regeln halten, behalte ich nicht. Letztendlich entscheidet meine Mini-Meute, wer bei uns bleibt. Auf ihr Urteil kann ich mich immer verlassen. Durch dieses Beobachtungstraining, so möchte ich es nennen, habe ich viel von meinen Beagle gelernt und tue es immer noch. Oft bewundere ich sie für ihr Verhalten untereinander. Sie gehen sehr sozial miteinander um und haben die Gabe, sich gegenseitig zu respektieren. Schauen Sie hin und lernen Sie von Ihrem neuen Freund. Sehr hilfreich ist dabei auch die Beobachtung fremder Hunde. Sie werden ihr Verhalten viel besser einschätzen können.

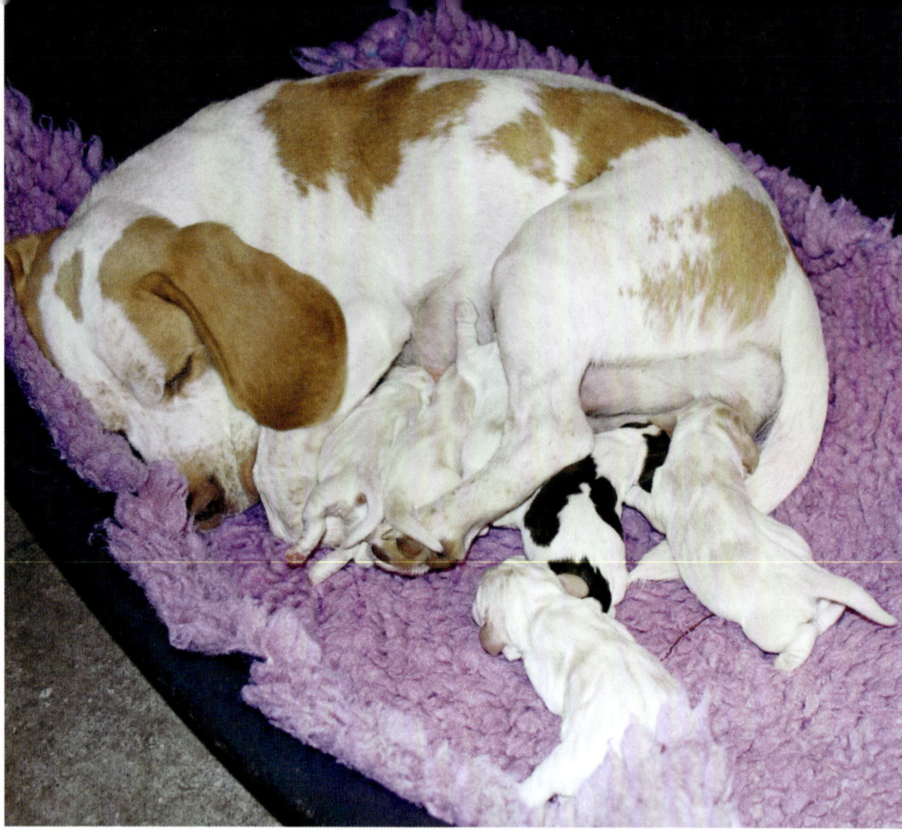

In den ersten Lebenstagen dreht sich für die Welpen alles um die Mutterhündin.

ENTWICKLUNGSPHASEN

An dieser Stelle möchte ich Ihnen einen kleinen Einblick in die Entwicklungsphasen eines Beagles geben. Alle Hunde Welpen werden mit geschlossenen Ohren und Augen geworfen (geboren). Diese Phase nennt man neonatale Phase.

Wenn ein Hundewelpe zur Welt kommt, hat er noch geschlossene Augen und Ohren. Diese öffnen sich erst in der dritten Woche. Sie können aber schon Schmerz, Stress und Temperatur empfinden. Wenn ihnen kalt ist, fangen sie an zu fiepen. Aus diesem Grund haben einige Züchter eine Wärmelampe über der Wurfkiste hängen. Ich für meinen Teil tendiere eher zu einer speziellen Hunde-Wärmedecke, bei der ich die Temperatur wählen kann. Das ist immer Geschmacksache. Um an die Zitzen zu kommen, robben die Welpen zielsicher durch die Wurfkiste. Es ist immer faszinierend, dieses zu beobachten.
Sobald sie in der dritten Woche die Augen öffnen, werden sie aktiver. Es dauert nicht lange und die Zwerge fangen an zu laufen. Erst noch etwas wackelig, was sich aber recht schnell ändert. Jetzt hört man sie auch schon. Ich benenne es mal als Fiepen. Nun fangen sie auch langsam an, mit ihren Geschwistern und der Mutter zu spielen. Das gestaltet sich zwar noch etwas unbe-

holfen, sieht aber zu schön aus. Der Kontakt zu Menschen ist jetzt sehr wichtig. Schon in dieser Phase der Entwicklung wird durch den engen Menschenkontakt des Züchters eine starke menschliche Bindung aufgebaut. Diese Bindung geht über das vertraute Verhalten der Mutterhündin zum Züchter auf die Welpen über. Durch die liebevolle Behandlung und den Körperkontakt des Welpen zum Züchter wird die Bindung weiter aufgebaut.

VERLASSEN DER WURFKISTE

Sobald die Welpen ihre Wurfkiste eigenständig verlassen, werden sie von Tag zu Tag mutiger. Jetzt beginnt die schönste Zeit für meine Familie. Meine Enkelkinder können es kaum erwarten sich in den Auslauf zu setzten um mit ihnen zu spielen. Ein Erwachsener ist immer dabei um auch mal eingreifen zu können. Das Welpen kein Spielzeug sind haben meine Enkel ganz schnell verstanden. Es ist immer so schön zu beobachten wie liebevoll kleine Kinder unter Anleitung mit Welpen umgehen. Sie verstehen auch intuitiv, wenn der Welpe müde ist und schlafen muss. Da die Welpen mit diesem positiven Kinder Erfahrungen aufgewachsen sind, lieben sie alle Kinder. Ab der fünften Woche erkunden die Kleinen oft schon den Garten. Dort haben sie dann ersten Kontakt mit der Natur und den zu hörenden Geräuschen. Durch den engen Menschen Kontakt sind sie ganz offen und neugierig. Die engen sozialen Kontakte zu Menschen verschiedenen Alters, sowie den Kontakt mit der gesamten Beagle-Familie prägt die kleinen Hunde Welpen positiv.
Eine liebevolle Mutterhündin und verantwortungsvolle Züchter, die sich viel Zeit für die Welpen nehmen, sichern Ihnen die Basis für ein harmonisches Zusammenleben das allen viel Freude bringen wird.

Auch wenn die Welpen aktiver werden, bleibt die Mutter für sie besonders wichtig.

START IM NEUEN ZUHAUSE

Sie haben den kleinen Beagle mit neun Wochen bei Ihrem Züchter abgeholt. Neugierig hat er Ihre Wohnung und den Garten erschnüffelt. Nach kurzer Zeit läuft er schon mutig jede Ecke seines neuen Zuhauses ab. Plötzlich mit 14 Wochen fängt der Welpe an zu fremdeln und wird vorsichtiger. Jetzt beginnt ein neuer Lebensabschnitt. Die Natur hat es so eingerichtet. Wenn man sich in die Ferne begibt muss man aufpassen. Ein vorsichtiger Beagle wird ein schlauer Beagle. Er wird gut auf sich aufpassen können. In dieser neuen Phase achten Sie bitte darauf, ihn nicht zu überfordern. Ihr kleiner Freund wird alles in Ruhe erlernen. Wenn er etwas ängstlich ist und vor Erstaunen stehen bleibt, lassen Sie ihn so lange schauen, bis er weitergehen möchte. Fordern Sie ihn jedoch auf weiterzugehen, wenn er ängstlich ist, trainieren Sie ungewollt: „Wenn du unsicher bist, lauf weg". Bitte denken Sie daran und nehmen sich die Zeit, die er braucht, die neue Situation einzuschätzen.

Der Junghund geht gern auch mal seine eigenen Wege.

PUBERTÄT

Nun kommen wir zu dem Lebensabschnitt in dem bei Ihrem Beagle Junghund nur noch Chaos im Kopf herrscht. Egal ob Rüde oder Hündin mit ungefähr sechs Monaten beginnt die Pubertät. Sie können sich bestimmt vorstellen, was nun auf Sie zukommt. Die Junghunde haben an manchen Tagen alles Gelernte vergessen. Dazu gehört leider oftmals auch der Rückruf.
In dieser Zeit vermeide ich bei meinen pubertierenden Beagle den Freilauf. In dieser Zeit habe ich oft im Wald gestanden. Zuerst war ich erschrocken, dann wütend, danach verzweifelt und überglücklich, wenn mein Beagle wieder zurückkam. Jetzt erlaube ich den Freilauf in dieser Lebensphase unter intensivster Beobachtung eine gewisse Zeit in gut übersichtlichem Gelände. Nach erfolgreichem Rückruf bleibt er kurze Zeit an der Leine und darf dann wieder ohne Leine laufen. In der Regel habe ich damit gute Erfolge erzielt und festigt die Bindung. Meine Beagle spüren, dass ich ihnen etwas zutraue, ihnen vertraue und wenn nötig eingreife, wenn sie etwas nicht richtig machen.
Es gibt natürlich noch andere Verhaltensmuster. Mal sind sie aufmüpfig und dann wieder total schmusig und anhänglich, fast schon etwas ängstlich. Dieses Verhalten kann sich stündlich bis täglich ändern. Auch diese Zeit gehört zur Festigung der Bindung dazu. Geben Sie Ihrem Beagle Selbstbewusstsein, wenn er schüchtern ist und bremsen Sie ihn konsequent, wenn er über die Stränge schlägt. An manchen Tagen spüre ich förmlich, dass sie keine Lust haben zu gehorchen. Eine Konfrontation kommt für mich nicht infrage, also versuche ich solche Situationen nicht aufkommen zu lassen. Dazu gehört, dass mein pubertierender Beagle an so einem Tag an der langen Leine läuft. So können wir beide beim Waldspaziergang entspannen

Das Nesthäkchen verfolgt energiegeladen seine Oma.

Der neue Mitbewohner wird Ihren Garten ganz genau inspizieren.

und die Ruhe genießen. Wie gesagt, es ist nur eine Phase in seiner Entwicklung. Alles geht vorbei.
Ist Ihr Beagle erwachsen, werden Sie sich noch oft mit einem Lächeln an die Zeit erinnern. Mit der Pubertät beginnt auch die Geschlechtsreife. Wenn Sie einen Beagle-Rüden haben, wird Ihnen auffallen, dass er jetzt öfter markiert. Er hat zwar schon früh mit zwölf Wochen sein Beinchen gehoben, aber nicht so oft wie jetzt. Auch sind die Hoden jetzt größer geworden. Das ist ein sicheres Zeichen, dass Ihr Beagle-Rüde geschlechtsreif ist. Achten Sie jetzt bitte darauf, dass er nicht an jede Hauswand, Blumen, den Zaun des Nachbarn, Autoreifen und Laterne markiert. Gehen Sie mit ihm zu einem Baum oder Hecke und

geben ihm zum Beispiel das Kommando „Pippi". Sie sind der Chef und bestimmen, wann und vor allem wo er markieren darf! Eine Hündin verhält sich während der Pubertät genauso wie ein Rüde, es gibt sogar Hündinnen, die ihr Bein heben. Eine Beagle-Hündin kann ab dem achten Monat in Hitze kommen. Ab der ersten Hitze ist sie geschlechtsreif und könnte Welpen bekommen. Die Hitze wiederholt sich alle sechs bis zwölf Monate. Stellen Sie sich bitte folgende Situation vor: Ihre Beagle-Hündin ist zu diesem Zeitpunkt schon lange sauber. Nun verliert sie auf einmal unkontrolliert Blut. Diese Situation verunsichert sie erst einmal. Bei den täglichen Spaziergängen wird Ihre kleine Hündin auch für Rüden interessanter. In dieser neuen Phase hilft ihr die starke Bindung zu Ihnen sehr. In den Tagen der Standhitze (Die Blutung ist nun meist fleischfarben) fahre ich für meine Spaziergänge grundsätzlich weiter weg in den Wald. Das ist für alle viel entspannter. Denken Sie bitte immer daran, die Hitze bei Ihrer Hündin ist keine Krankheit und sie macht ihre Hündin auch nicht krank. Es ist ein ganz natürlicher Prozess, an dem sie reift und erwachsen wird.

Auf Seite 68 (Kastration) bin ich auf dieses wichtige Thema eingegangen. Zum Schutz der Beagle ist es meine große Bitte an Sie, den Abschnitt über die Kastration intensiv zu lesen, wenn Sie über diesen Schritt für Ihre Hündin nachdenken.

Abschließend möchte ich Sie auf eine weitere Phase aufmerksam machen. Sie beruht auf meiner jahrelangen Erfahrung. Die Phase beginnt mit ungefähr sieben Jahren. In dem Alter, egal ob Rüde oder Hündin, leben die Hunde in einem Höhenflug. Frei nach dem Motto: Ich kenne die Welt und weiß, wie alles läuft. Im Freilauf muss man nicht unbedingt gehorchen, denn unser großer Freund kennt den geplanten Weg. Wenn Gäste kommen, kann man betteln, denn man ist sich sicher, keiner schimpft, da Gäste zu Besuch sind. Auch sonst ist doch alles klar man ist doch sonst auch immer der gleichen Meinung wie unser Beagle. Diese Phase lässt sich mit Nasenarbeit oder anderen Aktivitäten, bei denen unser Beagle wieder gefordert wird, ganz schnell unterbinden. Wie Sie merken, wird es nie langweilig mit diesem genialen Team-Partner.

Auf dem Hundeplatz lernt man auch durch den Austausch miteinander.

LERNEN GANZ PRAKTISCH

Manchmal kann lernen ganz einfach sein. Der Beagle lernt sehr viele Dinge durch Zuschauen.

Wenn er unsicher ist, werden Sie feststellen, dass er stehen bleibt und sich das Objekt erst einmal genau anschaut. Stellt es für ihn keine Bedrohung dar, geht er entspannt mit Ihnen weiter. So lernt er sehr schnell durch Beobachten. Lassen Sie ihm immer die Zeit, die er für diesen wichtigen Lernschritt braucht, sich alles genau anzuschauen. So lernt er nicht zu flüchten. Er vertraut Ihnen immer mehr, mit neuen ihn fordernden Situationen ohne mit Fluchtverhalten zu reagieren umzugehen. Wie Ihr Beagle lernen auch Sie sehr viel durch Beobachtung. Falls Sie noch unerfahren in der Erziehung Ihres Welpen sind, schauen Sie Ihrem Trainer bei der Demonstration einer Übung zu. Sie werden sehen, dass er die Kommandos mithilfe seines Körpers und eines Handzeichens unterstützend verstärkt. Versuchen Sie es ihm nachzumachen. Es dauert eine Zeit, bis man die Körpersprache richtig einsetzen kann. Scheuen Sie sich nicht, Ihren Trainer anzusprechen, wenn Sie bei der Umsetzung Schwierigkeiten haben. Sie werden erstaunt sein, wie gut Ihr Beagle darauf reagiert, wenn das Kom-

Ihr Beagle freut sich über das Lob.

mando stimmt. Ich übe so etwas gerne vor einer Glastür, einem großen Spiegel oder Gebäuden mit tiefen Fenstern. So sehe ich meine Fehler und kann sie besser korrigieren. Auf dem Hundeplatz oder der Hundeschule ist der Beagle ein Meister im Abschauen durch Zuschauen. Er beobachtet alles ganz genau und macht es dann bei Abruf „perfekt" nach.

POSITIVE VERSTÄRKUNG

Durch positive Bestärkung festigen Sie das Gelernte dauerhaft. So können die Lehrstunden als Zuschauer für Sie beide in Ihrer Entwicklung sehr unterstützend sein. Ein praktisches Beispiel dazu: Da Sie in Ihrem Garten und auf Spaziergängen den Rückruf schon trainiert haben, werden Sie beim Training auf dem Hundeplatz oder in der Hundeschule die andere Seite Ihres Beagles kennenlernen. Er schaut sich das Training erst einmal an. Nun sind Sie an der Reihe und Ihre Trainingsteilnehmer schauen Ihnen zu. Jetzt kommt sein Auftritt, ganz nach dem Motto: „Das ist ganz leicht, das kann ich schon lange", und Sie werden sehen, es stimmt. Alles, was Sie ihm spielerisch beigebracht haben, wird er vorführen. So wird es auch mit dem Rückruf sein.

Wenn Ihr Beagle sieht, dass alle beim Rückruf belohnt werden, geben Sie ihm bitte auch ein Leckerli bei erfolgreichem Rückruf. So lernt er Stück für Stück durch positive Erfahrung dazu.

JAGDTRIEB

Seine andere Seite ist seine Jagdleidenschaft. Trifft er auf eine Fährte, wird Ihr kleiner Jagdhund immer versuchen, der Fährte im Spurlaut jagend zu folgen. Das ist für Sie kein Problem, da Sie sich ganz bewusst für einen Beagle entschieden haben und um diese Eigenschaft wissen.

Unser perfektes Hilfsmittel ist der Rückruf mithilfe einer Jagdhornpfeife. Eine Hundepfeife hat den großen Vorteil, dass der Pfiff keine Emotionen preisgibt. Weder Ihre Verärgerung noch Ihre anschließende Verzweiflung. Glauben Sie mir, ich weiß, wovon ich rede. Bestimmt haben Sie schon viele Informationen im Vorfeld gesammelt. Aber sich etwas durch Lesen anzueignen

Meine Beagle dürfen erst freilaufen, wenn ich sie mit einem Leckerchen abgeleint und entlassen habe.

Freilauf ist für den Beagle wichtig, er sollte jedoch in übersichtlichem Gelände stattfinden.

oder zu erleben ist etwas ganz anderes. Die erlebten Erfahrungen bringen uns dazu, vorsichtiger zu sein. Sie haben die Möglichkeit, zur Sicherheit ein GPS am Halsband Ihres Beagle zu befestigen, so können Sie im Notfall seine Spur verfolgen. Um Kummer zu vermeiden, ist es hilfreich, folgende Punkte zu beherzigen: Führen Sie Ihren Beagle bitte immer angeleint, wenn Sie an einer Straße spazieren gehen. Selbst in einem Park, der an Straßen grenzt, gilt das Gleiche. Die Gefahr zu naher Straßen ist einfach zu groß, falls z. B. Eichhörnchen oder Katzen Ihren Weg kreuzen, könnte er ihnen folgen. Haben Sie Ihren Beagle immer im Auge und denken Sie bitte daran, dass es Menschen gibt, die einen freilaufenden Beagle einfach mitnehmen.
Lassen Sie Ihren Beagle nie in unbekanntem Terrain freilaufen! Es besteht immer die Möglichkeit, dass Sie zum Beispiel im Urlaub in einem Wald spazieren gehen und Ihr Beagle auf für ihn unbekannte Duftspuren trifft. Er wird diesen Spuren sofort folgen und möglicherweise überfordert sein, sodass er den Rückweg nicht mehr findet. Wenn er spurlaut ist, werden Sie ihn hören und zwar aus unterschiedlichen Richtungen. Es könnte aber auch sein, dass Ihr Beagle nicht spurlaut ist, was die Suche nach ihm ungemein erschwert.Bitte nehmen sie auch Rücksicht während der Brut- und Setzzeiten und lassen Sie Ihren Beagle an der Leine. Schauen Sie auf Seite 105 (Rückruf). Falls er doch mal auf einem überschaubaren Gebiet die Gunst der Stunde nutzt, haben Sie die Jagdhornpfeife als perfektes Hilfsmittel für den Rückruf. Wie schon erwähnt, habe ich bei der Erziehung meiner Junghunde Hilfe.

Üben Sie den Rückruf-Pfiff zunächst auf dem Hundeplatz.

RÜCKRUF

Wenn der Rückruf mithilfe meiner Alphahündin erfolgreich ist, trainiere ich mit meinem jungen Beagle alleine und es reicht dann auch wenn ich ihn überschwänglich lobe, und streichele. Da dem Beagle nachgesagt wird, dass er sehr verfressen ist, erziehe ich meine Mini-Meute ganz gezielt über die Gabe von Leckerli, wenn ich ein Kommando einübe. Sobald das gegebene Kommando „hier" korrekt ausgeführt wird, reduziere ich die Leckerli Gaben und lobe ich mit meiner Stimme und Körpersprache. Ständig mit einem Beutel voller Leckereien mit mehreren Beagle durch den Wald zu gehen, ist höchst unpraktisch.
Ich hatte mal eine sehr schlaue Beagle-Hündin, die ganz schnell herausfand, dass sie eine Belohnung bekommt, wenn sie wegläuft und auf Pfiff nach einiger Zeit zurückkommt. Ich muss sagen, dass es etwas gedauert hat, bis ich ihr auf die Schliche gekommen bin. Nachdem sie nur noch ab und zu ein Leckerli bekam, lief sie nur noch sehr selten weg. Ich bin immer wieder überrascht, wie clever die Beagle sind. Und wie gut sie einen lesen und Ihren Vorteil daraus ziehen. Glauben Sie mir, es wird nie langweilig. Nun zurück zur Jagdhornpfeife – setzen Sie diese bitte sparsam ein. Im Laufe einer halben Stunde höchstens drei Mal. Wenn Ihr Beagle im Freilauf stehen bleibt und Sie anschaut, loben Sie ihn sofort überschwänglich. Dann folgt der Rückrufpfiff und sofort unbedingt wieder loben. Kommt er nicht, gehen Sie in die entgegengesetzte Richtung, drehen ihm den Rücken zu und hocken sich hin. Warten Sie geduldig, bis er angerannt kommt.

Wenn Ihr Hund auf den Pfiff kommt, unbedingt loben!

Beobachten Sie ihn aus den Augenwinkeln. In der Regel kommt er schnell. Locken Sie ihn mit Futter, bis er vor Ihnen sitzt. Falls Ihr Beagle-Welpe nicht kommt, entfernen Sie sich weiter und benutzen Ihre Pfeife und hocken sich wieder hin. Sorgen Sie für einen positiven Trainingsabschluss – wenn es gut war, sofort aufhören. Lassen Sie Ihren Beagle dann wieder entspannt schnüffeln und nehmen ihn nicht sofort an die Leine. So bauen Sie gegenseitig Vertrauen auf. Auch Sie müssen lernen, Ihrem Beagle zu vertrauen. Leider hat jede Medaille zwei Seiten. So auch das Lernen durch Abschauen. Er schaut sich natürlich auch manchmal Dinge ab, die er besser nicht lernen sollte. Dazu gehört auch das Weglaufen. Oft läuft es richtig gut mit dem Rückruf, bis Sie mit anderen Hunden zusammen spazieren gehen. Alle versichern Ihnen, dass ihr eigener Hund den Rückruf beherrscht. Ihre Begleiter ermuntern Sie, Ihren Beagle doch auch frei laufen zu lassen. Und dann passiert das, was Sie nicht wollten. Einer der Hunde reist aus und Ihr Beagle folgt ihm. Der andere Hund kommt nach kurzer Zeit zurück. Ihr Beagle ist inzwischen auf eine Fährte gestoßen und folgt der Fährte Spurlaut bellend. Es ist vielleicht das erste Mal, dass Sie ihn Spurlaut jagen hören. Sie bekommen einen Schreck und haben bestimmt Angst, dass er nicht mehr zurückfindet. Warten Sie geduldig und pfeifen Sie. Ihr Beagle kommt genau dahin zurück, wo er gestartet ist. Leider habe ich öfter diese Erfahrung gemacht. Aus diesem Grund laufen meine Beagle an einer Schleppleine, wenn ich mit Freunden unterwegs bin.

BELOHNUNG, LOB UND KORREKTUR

Belohnung, Lob und Korrektur in richtigen Moment einzusetzen hört sich erst einmal ganz einfach an. Es gestaltet sich in der Praxis leider nicht immer so einfach.

Damit wir an unser Ziel kommen, müssen wir uns erst einmal darüber klar werden, was wir unserem Beagle gerne beibringen möchten und mit welchem Wort wir diese Handlung konditionieren möchten. Wie Sie schon im Kapitel Erziehung gelesen haben, kann es passieren, dass jedes Familienmitglied seine eigenen Kommandos verwendet und sich wundert, dass der Beagle nicht gehorcht. Bei Ihnen wird das nicht passieren, denn Sie haben mit Hilfe der erstellten Liste an Ihrem Kühlschrank vorgesorgt. Ein ganz wichtiges Hilfsmittel in der Erziehung Ihres Beagles ist die Belohnung, die recht unterschiedlich ausfallen kann.

Nach gelungener Trainingseinheit kann das gemeinsame Spiel mit dem Lieblingsspielzeug eine tolle Belohnung sein, oder auch durch Körpersprache gezeigte überschwängliche Freude Ihrerseits. Eine liebevolle Streicheleinheit ist auch eine Belohnung. Für ganz besondere Sachen, beispielsweise der gelungene Rückruf trotz Ablenkung, gibt es eine ganze Handvoll noch nie gegebenen Leckerli. Aber nur für ganz besondere Sachen, die meist bei einem gezielten Training zum Einsatz kommen. In dem Fall hat man vorsorglich schon das besondere Leckerli dabei.

Es ist nicht zielführend, Ihrem Beagle ununterbrochen Leckerli zu geben. Sie erreichen damit nur einen Scheingehorsam. Was passiert, wenn Sie die leckere Belohnung vergessen haben? Gehorcht Ihr Hund dann noch? Viel erfolgreicher sind Sie mit Ihrer Körpersprache. Zeigen Sie ganz deutlich, wie sehr Sie sich mit ihm freuen, wenn etwas gut klappt.

Sie möchten ihm bestimmt nicht beibringen, dass er nur gehorchen muss, wenn er ein Leckerchen bekommt. Ganz wichtig: Bitte lassen Sie nicht zu, dass fremde Menschen Ihrem Beagle etwas zu fressen geben. Die bekommt er nur von Ihnen.

Es gibt auch Situationen, da braucht Ihr Beagle eine konsequente Korrektur. Hier ein Beispiel: Sie gehen entspannt spazieren und Ihnen begegnet ein Radfahrer. Sie sind fast an ihm vorbei, da versucht Ihr Beagle ihn zu verfolgen und reißt Sie fast von den Beinen. Zu Ihren Regeln gehört auch, das Ihr Beagle keine Radfahrer verfolgen darf. Hier bedarf es einer konsequenten Korrektur.

Wie auch in der Meute muss sich Ihr Beagle an Ihre Regeln halten. Natürlich wird er versuchen, die Regeln gekonnt zu umgehen. Sie können mir glauben, dass Sie es zuerst gar nicht merken. Es ist wichtig, dass Sie eine klare Linie haben und sich stets daranhalten. Es ist Ihre Entscheidung, was Sie erlauben und was nicht. Wichtig ist dabei nur, dass Sie sich an die Spielregeln halten, ansonsten wird Ihr Beagle verunsichert und versucht es immer wieder. Meine Schilderung macht deutlich, dass Ihr Focus unbedingt bei Ihrem Hund sein muss, egal ob Ablenkungen Sie „locken“.

Meine Körpersprache gibt dem Beagle deutlich zu verstehen, dass er sitzenbleiben soll.

Als Handzeichen zum Liegen verwende ich die ausgestreckte Handfläche.

BEDEUTUNG VON HANDZEICHEN

Es steht Ihnen nicht nur Ihre Körpersprache und Ihre Stimme bei der Erziehung Ihres Beagle-Welpen zur Verfügung. Zeitgleich eingesetzte Handzeichen unterstreichen das gegebene Kommando.

Handzeichen erleichtern bzw. ermöglichen Ihnen mit Ihrem Beagle zu kommunizieren, insbesondere wenn er im Alter vielleicht taub werden sollte. Bei der Erziehung eines Welpen denkt man möglicherweise nicht an solche großen Vorteile durch Einsetzen von Handzeichen, denn man ist mit so vielen neuen Dingen be-

schäftigt und möchte alles richtig machen. Für die Kommandos Sitz, Platz, Bleib, Steh und den Rückruf gibt es jeweils spezielle und bewährte Handzeichen. Fangen Sie ganz in Ruhe mit einem Handzeichen in einer gewohnten Umgebung ohne Ablenkung an. Dafür eignet sich die eigene Wohnung am besten.
Prinzipiell haben Sie wie immer mehrere Möglichkeiten an Techniken, Ihrem Beagle etwas beizubringen. Wählen Sie daher die Technik, die Ihnen leicht fällt. Nach diesem Prinzip setze ich meine Handzeichen für die Erziehung meiner Beagle ein. Das Handzeichen, das ich als „Steh"-Kommando benutze, ist der gestreckte Finger der rechten Hand. Ich beschreibe es Ihnen, weil in der Hundeausbildung dieses Zeichen für das Kommando „Sitz" steht. Für mich war die Ausstellungsausbildung wichtiger als das klassische Kommando „Sitz". Es fühlte sich so leicht an und meine Beagle gehorchten darauf sofort. Einem Beagle „Steh" beizubringen ist weitaus schwieriger als das Kommando „Sitz". Probieren Sie es aus und Sie werden mir recht geben. Eigentlich möchte ich Ihnen nur sagen, nehmen Sie das Handzeichen, das Ihnen leichtfällt. Wenn es gekünstelt oder gezwungen wirkt, werden Sie keinen Erfolg haben.
Das Trainieren auf wenige für mich wichtige Handzeichen, hat meinen in die Jahre gekommenen oft tauben Beagle das Leben erleichtert. Sie fühlten sich weiter dazugehörig und nicht abgeschoben und hatten so das Gefühl, weiter alles richtig zu machen.
Hat Ihr Beagle alle Handzeichen gelernt, haben Sie das große Glück, ohne Ihre Stimme zu benutzen, Kommandos zu geben. Stellen Sie sich folgende Situation vor: Sie gehen mit Ihrem Hund spazieren. Es ist Winter und Sie haben eine Erkältung. Ihre Stimme ist nur noch ein Krächzen. Jetzt kommen Ihre Handzeichen und die Jagdhornpfeife ins Spiel. Ihr Pfiff und Ihre von Ihrem Beagle gelernten Handzeichen und Ihre Körpersprache ermöglichen es Ihnen, mit Ihrem Beagle zu kommunizieren. Diese Argumente werden Sie bestimmt motivieren, mit dem Training zu beginnen.

Eine gute Möglichkeit, dem Welpe das „Komm" beizubringen, ist, wenn er sowieso gerade zu Ihnen kommen möchte.

DIE GRUNDERZIEHUNG

Um Ihren kleinen Beagle eine gute Erziehung angedeihen zu können brauchen Sie Geduld, volle Aufmerksamkeit, Konsequenz, gutes Timing, liebevolle Behandlung und viel Humor.

Damit Ihr Beagle auf Sie hört, muss er Sie verstehen und sich auf Sie verlassen können. In meiner züchterischen Laufbahn habe ich so viel über das soziale Verhalten, Dankbarkeit und über Zielstrebigkeit von meinen Beagle gelernt. Sie haben mir ganz deutlich gezeigt, dass sie im Jetzt leben und nichts aus Berechnung machen. Jeden Tag lerne ich von ihnen und sie zeigen mir immer wieder, wie sehr sie sich über etwas Schönes freuen können. Manchmal denke ich, dass die Beagle uns etwas über das Leben lehren. Wir müssen nur genau hinschauen.

SIGNALE ERLERNEN

Die Grundbegriffe, die jeder Beagle mit der Zeit lernen sollte sind: Der Rückruf, „komm", „sitz", „steh", „bleib", „zurück" und „warte". Ganz wichtig und nicht zu vergessen ist das Aufheben jedes gegebenen Kommandos.
Es ist ein langer Weg, bis alles zuverlässig und zufriedenstellend funktioniert. Es wird auch Rückschläge geben. Das ist normal und sollte Sie nicht beunruhigen oder entmutigen. Wenn etwas nicht klappt, haben Sie möglicherweise noch nicht

den richtigen Weg gewählt oder zu viele Kommandos in zu kurzer Zeit gegeben. Egal welches Kommando Sie geben, betrachten Sie als erstes die Situation, in der sich Ihr Beagle befindet. Ist er konzentriert oder abgelenkt? Wird er gehorchen? Wenn er ausgelassen mit anderen Hunden spielt, ist es sehr schwierig, einen Junghund abzurufen. Geben Sie möglichst kein Kommando, wenn Sie sich nicht sicher sind, dass er gehorcht. Sonst trainieren Sie „ich brauche nicht zu gehorchen“. Überschwängliches Loben bei erfolgreichem Kommando ersetzt oft das Leckerli. Wie jeder Hund steht auch der Beagle auf Leckerli, aber Sie möchten bestimmt nicht immer mit einem Futterbeutel unterwegs sein. Durch Ihre Körpersprache und Ihrer Stimme können Sie Ihren Beagle zeigen, wie sehr Sie sich über sein Verhalten freuen. Dabei lernt er sehr schnell, Sie genau zu beobachten und Ihre Stimmung einzuschätzen. Zu erleben, in welcher Geschwindigkeit der Beagle insbesondere durch positive Verstärker lernt und wie sehr er sich darüber freut, wenn Sie sich freuen, ist ein wunderschönes Gefühl.

HIER ODER KOMM

Der Rückruf ist einer der wichtigsten Erziehungswerkzeuge. Es ist bei richtigem Training schnell erlernt. Sobald Ihr Beagle-Welpe auf Sie zuläuft, sagen Sie „hier“ und vergessen Sie nie, ihn in dem Moment schon überschwänglich zu loben. Ist er bei Ihnen angekommen, bekommt Ihr Beagle ein besonderes Lob. Das kann zum Beispiel ein gemeinsames Spiel mit seinem Lieblingsspielzeug sein.
Mein wichtigstes Werkzeug, um meinen Welpen den Rückruf schnell und zuverlässig beizubringen sind: die Jagdpfeife (ich trage sie ständig bei mir), Futter und ein quietschendes Spielzeug.
Ich beginne damit, dass ich meine Welpen mithilfe der Jagdpfeife als Rückrufsignal zu ihren Mahlzeiten rufe. Zur Belohnung werden sie gefüttert. Nach kurzer Zeit kommen alle Welpen zuverlässig, sobald ich pfeife. Dieses Ritual behalte ich bis zur Abgabe der Welpen bei.
Dann kommen wir zum nächsten Schritt. Nun trainiere ich beim erfolgreichen Rückpfiff das besondere Spiel mit meinen Welpen. Damit die Welpen nicht anfangen sich um das Spielzeug zu raufen, ist Einzeltraining angesagt. Durch das gemeinsame Spiel verstärke ich ganz bewusst die enge Bindung zum Menschen.
Die jahrhundertelange Zucht der Beagle auf Sozialverträglichkeit, Anpassungsfähigkeit und Zielstrebigkeit kommen uns heute zugute. Sieht Ihr Beagle seine Aufgabe darin, Ihnen zu folgen und die von Ihnen gestellten Aufgaben zu meistern, wird er es bedingungslos tun. So sind Beagle!
Mit der Zeit können Sie den Schwierigkeitsgrad erhöhen. Rufen Sie Ihren Welpen beim Namen und sagen „hier“, wenn er im Garten steht und beispielsweise in eine andere Richtung schaut. Loben Sie ihn überschwänglich, wenn er kommt.
Bis Sie ihn auch vom Spielen abrufen können, wird es etwas dauern.

Dieser Beagle hat gelernt zu warten, bis er gerufen wird.

SITZ

Als nächstes bietet sich das Kommando „Sitz“ an. Oft sitzt Ihr kleiner Welpe von alleine, wenn er sich ausruhen möchte. Dabei wird er Sie bestimmt erwartungsvoll anschauen. Viele Welpen setzen sich von selbst, wenn sie Futter bekommen. Gerade diese Momente sollten Sie nutzen, um ihm das Kommando „Sitz“ (Schlüsselwort) beizubringen. Ihn bei Erfolg zu loben sollten Sie auch hier nie vergessen. Es darf auch ruhig mal ein Leckerli zur Belohnung sein.

Der Beagle ist aufmerksam und wartet auf das nächste Kommando.

Wenn der Welpe sitzt, folgt das Kommando „Sitz".

Nach einiger Zeit kommt ein weiteres Kommando. Es ist vergleichbar mit dem Lernen von Vokabeln. Durch dauernde Wiederholung lernt man. Übertreibung und zu häufig gegebene Kommandos lassen Ihren Beagle abstumpfen und man erreicht das Gegenteil. Wie in allen Lebenslagen ist das gesunde Mittelmaß der richtige Weg.

ZURÜCK

Kommen wir nun zu dem Kommando „Zurück". Wenn es an der Tür schellt, oder ich ein Zimmer verlasse, ist das Kommando „Zurück" sehr hilfreich. Mittlerweile sage ich es automatisch, wenn ich aus der Tür gehen möchte. Als wir nur einen Beagle hatten, war das Gedränge an der Tür noch überschaubar. Uns fiel erst gar nicht auf, wie schnell so ein kleiner Beagle aus dem Tiefschlaf an der Tür stand, um den Besuch freudig zu empfangen. Seit wir mit mehreren Beagle in unserem Haushalt zusammenleben, sieht das anders aus. Jetzt müssen die Hunde immer erst zurückgehen und in sicherem Abstand warten, bevor die Haustür geöffnet wird. Es ist immer wieder faszinierend, wie schnell auch unsere älteren Beagle sich an neue Regeln halten. Der Schlüssel dazu ist, wie ich schon an anderer Stelle erklärt habe, konsequente liebevolle Erziehung und – nicht zu vergessen – ganz viel Lob.

WARTE ODER BLEIB

Das Kommando „Warte" oder „Bleib" signalisiert Ihrem Beagle, dass er das vorher gegebene Kommando noch länger ausüben soll. Jetzt sollten Sie sich noch ein Wort (Schlüsselwort) überlegen, um das gegebene Kommando aufzulösen. Es kann ein ganz einfaches Wort („fertig" oder „Ende") sein. Sie sollten es immer benutzen, damit Ihrem Kameraden klar ist, dass das Kommando beendet ist. Nun darf er sich so bewegen wie er möchte.
Mit der Zeit funktionieren die beiläufig gesagten Kommandos sehr gut. Man erinnert sich an die Zeit der Kindererziehung.

DIE LEINENFÜHRIGKEIT

Die Leinenführigkeit ist bei den meisten Hundebesitzern ein kaum zu lösendes Dauerproblem. Das muss es aber nicht sein. Wie für alle Situationen gibt es auch hier Lösungsmöglichkeiten, die ich Ihnen aufzeigen möchte.

Stellen Sie sich folgende Situation vor: Bisher konnte Ihr Welpe im Garten die Richtung und die Geschwindigkeit selbst bestimmen. Nun ist er an der Leine und in seiner Bewegungsfreiheit eingeschränkt. Um ihm die neue Situation zu erleichtern, haben Sie ihn schon im Garten an das Halsband gewöhnt und kleine Übungen mit Hinblick auf die Leinenführigkeit gemacht. Das Ziel ist hierbei, dass der Beagle mit durchhängender Leine neben Ihnen entspannt herläuft. Er darf dabei auch auf dem Boden schnüffeln und vorlaufen. Auch den anderen Artgenossen sollte er entspannt begegnen. Eine grundsolide Unterordnungsausbildung ist auch hier von großem Nutzen. Meine Beagle dürfen schnüffeln und etwas vor oder hinter mir gehen. Dabei achte ich darauf, dass sie ganz entspannt mit durchhängender Leine locker traben. Sie erscheint mir für meine Beagle und mich passend. Um das zu erreichen, übe ich es mit dem Welpen schon spielerisch im Garten ohne Leine, in dem ich ihn auf die linke Seite locke und lobe. Der nächste Schritt ist das Laufen an der Leine im eigenen Garten. Wichtig ist dabei zu erwähnen, dass ich meine Laufgeschwindigkeit nach meinem Welpen richte und nicht umgekehrt. Außerdem achte ich darauf, keinen Druck auf der Leine zu haben, damit der kleine Welpe frei nach seinem Tempo neben mir traben kann.

Meine Beagle sollen mit durchhängender Leine an meiner Seite laufen, wenn ich das möchte.

Beim Spaziergang dürfen meine Beagle am Wegrand schnüffeln und vor mir laufen.

Nach einiger Zeit kommt die leichte Leine. Meine ganze Konzentration liegt bei meinem Beagle-Welpen.
In ungewohnter Umgebung sieht das anders aus. Aus diesem Grund fahre ich mit meinen Welpen und jungen Beagle in den Wald. Dort können sie frei laufen und dort kann ich den Rückruf sowie die Leinenführigkeit in Ruhe üben. Zu Anfang geht alles ganz leicht. Mit ungefähr sechs Monaten probiert jeder meiner Beagle, die Richtung selbst zu bestimmen, indem er immer mit der der Nase auf dem Boden nach rechts und links den Weg kreuzt. Jetzt beginnt die Zeit, mit langer Leine auf einer Wiese ohne Ablenkung mit Richtungswechsel zu trainieren.

Die nächste Übung lautet: „entspannt neben mir zu warten“. Das Warten übe ich beim Spaziergang. Wenn mir im Wald Bekannte begegnen, bleibe ich stehen, um mich zu unterhalten. Das ist eine gute Gelegenheit, in entspannter Atmosphäre zu üben. Ich lasse die Leine neben meinem Beagle locker liegen und begrenze sie auf 50 cm mit meinem Fuß. Es dauert nicht lang und er setzt sich neben mich und wartet. Bevor ich weitergehe, lobe ich ihn überschwänglich. Lassen Sie ihm die Zeit, das Warten zu lernen. Bei manchen geht es schnell, andere brauchen dafür länger. Genießen Sie die Zeit, in der Sie gemeinsam trainieren. Es macht so viel Spaß, die kleinen und großen Fortschritte zu erleben.

AUSBILDUNG

Wenn Sie sich mit dem Thema Ausbildung Ihres Beagle beschäftigen, denken Sie bitte an Folgendes: Nur ein wohlerzogener Beagle ist ein gern gesehener Beagle. Schönheit alleine reicht nicht.

Korrigieren Sie das Hochspringen sofort!

Es ist Ihre Aufgabe, diesen Part zu übernehmen, damit Ihr Beagle immer gern gesehen ist. In den vorherigen Kapiteln habe ich Ihnen einige Tipps zur Grunderziehung gegeben, die Sie schon recht früh umsetzen können. Empfehlenswert ist es beim Einzug Ihres Beagle-Welpen spielerisch damit zu beginnen. In den vielen Jahrzehnten, in denen ich Beagle-Welpen aufgezogen habe, war mein Ausbildungsziel, eine so enge Bindung aufzubauen, dass sie mir gerne gehorchten. Ein weiterer hilfreicher Schritt ist der Besuch einer Welpen-Spielgruppe. Dort lernt Ihr Beagle unter der Aufsicht eines ausgebildeten Trainers soziales Verhalten und die ersten Erziehungsschritte. Die Gruppe ist nach dem Alter der Welpen unterteilt. Dort hat er unter Aufsicht den ersten Kontakt mit verschiedenen Rassen gleichen Alters.

Dieses erste Training sollte in einer Hundeschule, einem Hundeverein oder in einer Landesgruppe des Beagle Club Deutschland e. V. stattfinden. Suchen Sie sich eine Gruppe aus, in der sich Ihr Beagle und Sie wohlfühlen. In den kommenden Kapiteln werden Sie noch einige hilfreiche Ratschläge lesen, an denen Sie sich orientieren können.

In der Regel wird das Training von ausgebildeten Trainern geleitet, die Ihnen mit Rat und Tat zur Seite stehen. Klären Sie vor dem Training besser ab, ob der Trainer auch Erfahrung mit der Ausbildung von einem Beagle hat.

Das Training findet meistens einmal pro Woche statt, so können Sie spielerisch die gelernten Übungen in der Woche vertiefen. Sie werden sich kaum vorstellen können, wie viel Spaß es Ihnen und Ihrem Beagle machen wird. Er wird alle Teilnehmer in Erstaunen versetzen, wenn sie sehen, wie schnell der kleine Beagle-Welpe alles versteht und seine Übungen mit Begeisterung erfüllt.
Durch die positive Erfahrung werden Sie bestimmt nach weiteren Beschäftigungen und Ausbildungsmöglichkeiten suchen. Diese werden Ihnen in den unterschiedlichsten Bereichen angeboten. Ihre gewählte Hundeschule wird Ihnen bestimmt einiges anbieten können. Hier möchte ich Ihnen einige Beispiele nennen, für die sich meine Welpen-Käufer entschieden haben und vielleicht könnte Ihnen das eine oder andere auch gefallen. Einige sportliche Besitzer haben für Agility-Turniere trainiert und waren auch recht erfolgreich.
Die Ausbildung und der erfolgreiche Einsatz als Rettungshund haben mich mächtig beeindruckt. Auch eine Anzahl von Jägern waren von der jagdlichen Arbeit begeistert. Allerdings haben sie die Beagle zur Nachsuche eingesetzt und nicht zur Stöberjagd. Ihre Familie hat gestreikt, da sie Angst um ihren Beagle hatten. Nicht zu vergessen ist die aufwendige Ausbildung als Therapiehund und der nachfolgende Einsatz in diesem Bereich.
All dies bedient der Beagle ohne Probleme nach einer liebevollen und konsequenten Ausbildung. Egal wofür Sie sich entscheiden, es sollte Ihnen und Ihrem Beagle Spaß machen. Schauen Sie sich nach einer anderen Gruppe oder Beschäftigung um, wenn der Spaßfaktor und der Erfolg ausbleiben. So mache ich es.

Beim Training im Muttental beim Klub für Terrier e.V., Ortsgruppe Witten.

Für Beagle ist der Freilauf in der Meute besonders wertvoll.

RASSETYPISCHE BESCHÄFTIGUNG

Warum ist die rassetypische Beschäftigung so wichtig und wie gestalte ich die rassetypischen Beschäftigungen sinnvoll? Mit einem Beagle steht Ihnen eine Vielzahl von Möglichkeiten zur Verfügung.

FREILAUFTREFFEN UNTER BEAGLE

Dazu gehören auch die Freilauftreffen auf einem eingezäunten Grundstück, bei denen der Beagle die Möglichkeit hat, sein genetisch festgelegtes Meuteverhalten auszuleben. Unter Beaglebesitzern gibt es auch Gruppen, die sich regelmäßig treffen. Es gibt kaum eine Hunderasse, bei der so viele Hunde beiderlei Geschlechts ohne Probleme miteinander freilaufen können. Auch die Treffen auf Beagle-Spaziergängen, die in den Landesgruppen des BCD e. V. angeboten werden, gehören zu rassetypischer Beschäftigung. Für uns Beaglebesitzer ist es ein schönes Erlebnis zu sehen, wie gut der Familien-Beagle diese Treffen meistert.

FUTTER-DUMMY APPORTIEREN

Als Apportieren bezeichnet man das Bringen, das Halten und das Abgeben eines Gegenstands auf Ihr Kommando.
Mit dieser Beschäftigungsübung können Sie ganz wunderbar mit Ihrem Welpen im eigenen Garten oder in der Wohnung bei voller Konzentration ohne Ablenkung beginnen. Das Ziel dieser Übung ist, dass Ihr Beagle auf Ihr Kommando den Futter-Dummy sucht, bringt und so lange festhält, bis Sie ihm das Kommando zur Abgabe des Dummys geben. Diese gemeinsame Zeit, in der Sie intensiv und mit voller Konzentration mit Ihrem Beagle arbeiten und gemeinsam Spaß haben, festigt die Bindung ganz ungemein.

Für diese wunderbare Beschäftigung ist der Futter-Dummy ganz besonders gut geeignet. Wie der Name schon sagt, wird er mit etwas Futter gefüllt.
Man kann mit dem Training beginnen, indem man den Dummy einen Meter vor sich ablegt – nicht werfen! Erst einmal soll Ihr kleiner Freund den Futter-Dummy aufnehmen. Dafür wird er von Ihnen mit einem Leckerli aus dem Futter-Dummy belohnt. Nach einigen Übungseinheiten können Sie die Entfernung zum Dummy vergrößern. Wenn das gut klappt, gehen Sie zu den nächsten Schritten über (ordentliches Aufnehmen, Bringen und die Abgabe nach Aufforderung).
Für Ihren kleinen Freund ist diese Übungseinheit sehr anstrengend, da er viele Abläufe nacheinander zeigen muss. Eine oder zwei Wiederholungen reichen völlig aus. So bleibt diese Beschäftigung immer etwas ganz Besonderes. Bitte seien Sie geduldig, sonst kann es passieren, dass Ihr Beagle das gemeinsame Training verweigert. Vergessen Sie bitte nicht, Ihren Beagle-Welpen nach jeder erfolgreichen Phase zu loben und verlangen Sie bitte nicht zu viel. Bringen Sie ihm die einzelnen Schritte nacheinander bei und lassen Sie Ihrem Beagle genügend Zeit, alles zu lernen. Denken Sie dabei an den Spruch „Der Weg ist das Ziel“. Auch hier gilt wie bei jedem Training, dass Sie bei erfolgreichem Übungsablauf sofort aufhören und Ihren Beagle überschwänglich loben.

SPAZIERGANG

Wie jeder Hund genießt auch der Beagle die täglichen Spaziergänge im Wald. Hier kann er mithilfe seiner Nase viele Eindrücke sammeln. Diese Ausflüge können Sie mal entspannend und auch mal ganz interessant gestalten. Dazu gehört, nicht immer den gleichen Weg zu gehen. Für Ihren Beagle wird es mit der Zeit zu langweilig und es kann Ihnen passieren, falls Ihr Beagle dazu die Möglichkeit hat, dass er sich seinen eigenen Weg sucht. Bei dieser Gelegenheit könnten Sie Ihr Dummy einsetzen. Bei kleinen Sucheinheiten lernt er, konzentriert bei Ihnen zu bleiben, die vielen Eindrücke auszublenden und seinen Impuls, diesen nachzugehen, zu unterdrücken.

WO MÖCHTE ICH SPAZIEREN GEHEN?

Bei dieser Frage meine ich nicht, in welchem Wald ich heute spazieren gehen möchte, sondern welche neuen Eindrücke möchte ich meinem Welpen zeigen. Das kann ein kleiner Spaziergang durch die Stadt sein oder ein Spaziergang an der Ruhr. Dort trifft mein Welpe auf Familien mit Kinderwagen, Radfahrer und viele Hunde. Spaziergänge mit vielen Eindrücken gestalte ich kurz, denn ich möchte meinen Kleinen nicht überfordern. Wenn es stark regnet, bietet sich ein Besuch in einem Baumarkt an. Die vielen Menschen, Lautsprecherdurchsagen und die fahrenden Gabelstapler sind schon sehr beeindruckend. Solche kurzen Erkundungsausflüge plane ich ganz gezielt und notiere den Ort und das Ergebnis in meinem Kalender.

Die Nase immer auf dem Boden.

Hat der Beagle gelernt, neben Ihnen zu laufen ohne zu ziehen, ist das Joggen eine gute Auslastungsmöglichkeit.

Beim Agility werden Koordination und Ausdauer geschult.

LESE-BEAGLE

Haben Sie schon einmal etwas von einem Lese-Beagle gehört? Es gibt immer wieder Kinder mit Leseschwäche oder Kinder, die sich nicht trauen, laut vorzulesen. Stellen Sie sich folgende Situation vor: Das Kind sitzt am Tisch mit seinem Buch und der Beagle sitzt im Körbchen vor der Tafel im Klassenzimmer. Der Beaglebesitzer ist natürlich mit im Raum. Nun kann das Kind in entspannter Atmosphäre dem Beagle seine Geschichte erzählen. Das Kind verliert seine Hemmungen, da es genau weiß, dass der Beagle es nicht unterbricht, nicht lacht, keine Sprüche in den Raum ruft und auch nicht kommentiert, wenn es rot wird oder stottert.

HUNDESPIELZEUG

Es gibt verschiedene Arten von Hundespielzeug: Denkspielzeug und Bewegungsspielzeug.
Alle haben eines gemeinsam, sie sollen dem kleinen und großen Beagle Spaß machen. Einen Beagle, der keinen Spaß daran hat, hinter einem Ball herzulaufen und ihn zu bringen, werden Sie nicht dazu bekommen, es zu tun. Dafür wird er bestimmt gerne Dinge suchen, die Sie versteckt haben. Viele Beagle finden auch Gefallen daran, mit speziellem Hunde-Geschicklichkeitsspielzeug zu spielen. Die darin versteckten Leckerchen motivieren ungemein. Kinderspielzeug ist nicht hundetauglich und nicht zu empfehlen. Es ist für Welpen nicht stabil genug und wird schnell aufgerissen und schlimmstenfalls gefressen.

SPORT MIT DEM BEAGLE

JOGGEN

Joggen ist eine wunderbare Beschäftigung, wenn Sie in relativ kurzer Zeit Ihrem Beagle viel Bewegung bieten möchten. Sie benötigen keine aufwendige Ausrüstung und können oft schon von Ihrer Haustür aus starten, wenn Sie an einem Park, Feld oder Wald wohnen. Wie auch bei allen anderen Beschäftigungen denken Sie bitte daran, es nicht zu übertreiben. Ich empfehle, diese für den Beagle attraktive Beschäftigung während eines Spaziergangs in kurzen Passagen einzubauen.

AGILITY

Agility ist eine Hundesportart, bei der es um Springen, Slalom, Rennen und Action geht. Der Beagle überwindet möglichst schnell und fehlerfrei einen festgelegten Parcour.
Einige Voraussetzungen sollten gegeben sein. Zum einen sollte Ihr Beagle 18 Monate alt sein und von einem qualifizierten Tierarzt auf HD geröntgt werden. Nach der Beurteilung von dem zugelassenen HD-Auswerter für Beagle können Sie mit dem Training beginnen. Der Sport ist für schlechte Hüften nicht passend, da zu dynamisch!

MANTRAILING

Unter Mantrailing versteht man die zielgerichtete Suche nach einem Menschen. Warum tut es meinem Beagle so gut? Wie wir schon wissen, ist der Beagle sehr ausdauernd und besitzt einen sehr feinen Geruchssinn. Beim Mantrailing kann er seine jagdliche Anlage optimal ausleben. Diese artgerechte Beschäftigung macht nicht nur ihm Spaß, sondern auch der ganzen Familie.

DER BEAGLE IM JAGDGEBRAUCH

Eine rassetypische Beschäftigung für einen Beagle ist die Arbeit zur Jagd. Die Voraussetzung für den Jagdeinsatz und weiteren jagdlichen Prüfungen ist eine bestandene Anlageprüfung. Was versteht man unter einer Anlageprüfung? Eine Anlage ist genetisch vorhanden oder auch nicht. Wie der Name schon sagt, es ist eine Anlage die man nicht erlernen kann. Um so wichtiger ist es, als Züchter züchterisch darauf zu achten, dass sie nicht verloren geht. Durch die Mitgliedschaft im Jagdgebrauchshund Verband ist dies möglich.
Um diese jagdliche Anlage zu erhalten, bietet der Beagle Club Deutschland seinen Mitgliedern die Möglichkeit, seinen Beagle an den angebotenen Übungstagen auf Schussfestigkeit und Spurlaut zu testen, um ihn dann erfolgreich auf einer Spurlautprüfung zu führen. Diese Möglichkeit bietet einem Beaglebesitzer kaum ein anderer Verein.
Die Anlageprüfung besteht aus einer Schussfestigkeitsprüfung und anschließender Spurlautprüfung. Beides wird in der Ahnentafel vermerkt.
Wenn Sie sehen, wie zielsicher und passioniert der Beagle der Hasenfährte spurlaut folgt, ohne jemals ein Tier anzugreifen und nach getaner Arbeit auf Pfiff zu seinem Besitzer zurückgelaufen kommt, geht einem das Herz auf. So wie meiner Tochter und mir geht es vielen Beaglebesitzern, die an einer Spurlautprüfung teilgenommen haben. Viele waren so beeindruckt, dass sie sich dazu entschlossen haben, die Ausbildung zum Jagdscheininhaber nachfolgen zu lassen, um so die Möglichkeit zu haben, ihren Beagle für die Fährtenarbeit auszubilden. Der Aufenthalt mit dem Beagle in freier Natur lässt einen alles vergessen und nur noch den Moment genießen.Seit 1988 habe ich 14 Beagle aus meiner Zucht erfolgreich auf einer Spurlautprüfung geführt.
Viele Jäger, die früher einen Beagle belächelt haben, sind heute von seiner Leistung als vielseitig einsetzbarem Jagdhund begeistert. Durch seine Einsatzmöglichkeiten, die sich aus der veränderten Jagdausübung ergeben haben, bietet er eine Alternative zu unseren herkömmlichen Jagdhunderassen. Auch in diesem Punkt hat der Beagle einiges zu bieten. Mehr zu diesem Thema finden Sie in entsprechender Fachliteratur.

Für den Transport im Auto hat sich eine Gitterbox bewährt.

MIT DEM BEAGLE AUF REISEN

Wenn Sie mit Ihrem Beagle einen gemeinsamen Urlaub planen, dann berücksichtigen Sie bitte auch die Bedürfnisse Ihres Beagle.

Im Auto sollte genug Platz für ihn eingeplant werden. Sie haben zuvor Ihren Beagle an eine sichere Transportbox im Auto gewöhnt. Bei den sommerlichen Temperaturen achten Sie bitte darauf, dass die Luft in der Box zirkuliert. Ein Reise-Wassernapf versorgt Ihren Reisegefährten mit dem benötigten Wasser, denn auf eine Sache können Sie sich immer verlassen: Es gibt keine Urlaubsreise ohne Stau. Planen Sie bitte genügend Zeit für Pausen ein. Ein kurzer Halt mit einem kleinen Spaziergang, auf dem sich Ihr Beagle lösen kann, tut Mensch und Beagle bestimmt gut. Ich plane auf längeren Reisen immer kleine Sightseeing-Touren ein. Durch diese kleinen Unterbrechungen meiner Reise habe ich so viele schöne Sehenswürdigkeiten gesehen, an denen ich sonst vorbeigefahren wäre. Nicht zu vergessen sind die Menschen, die einem dadurch begegnen. Viele schauen auf meine Beagle und lächeln. Oft werde ich gefragt, ob sie die Hunde streicheln dürfen. Eins kann ich Ihnen versprechen, durch Ihren Beagle werden Sie viel Menschenkontakt bekommen. So wird die Fahrt zu Ihrem Urlaubsort schon zu einem schönen Erlebnis. Sind Sie an Ihrem Urlaubsort angekommen, planen Sie bitte bei allen Unternehmungen Ihren Beagle mit ein. So wird es für alle ein Urlaub, der Ihnen lange in guter Erinnerung bleibt. Wie Sie schon in den vorangegangenen Kapiteln gelesen haben, ist eine gute Vorbereitung Grundvoraussetzung für gutes Gelingen. Neben den vielen organisatorischen Dingen ist die Kondition Ihres Beagle wichtig. In der Regel gehen Sie eine begrenzte Zeit spazieren. Im Urlaub sieht es oft anders aus. Oft plant man eine Tagestour. Stellen Sie sicher, dass Sie genug Ruhephasen einplanen. Damit meine ich Zeiten, in denen Ihr Beagle entspannt fressen, trinken und schlafen kann. Ich möchte Ihnen ein Beispiel nennen. Normalerweise unternehmen Sie mit Ihrem Beagle ausgedehnte Wanderungen. Für den Urlaub haben Sie große Tagestouren geplant. Ein Beagle ist sehr leistungsstark, sollte aber vorher mit größeren Touren trainiert werden. Genauso verhält es sich mit Fahrradtouren. Ein gezieltes Training ist für Mensch und Beagle eine gute Voraussetzung. Auch Hunde können Muskelkater bekommen. Bei der Planung Ihrer Reise sollten Sie heiße Regionen meiden. Alle Hunde und auch der Beagle mögen starke Hitze nicht. Außerdem gibt es in den Mittelmeerländern auch bestimmte Krankheiten wie Leishmaniose oder Herzwurmerkrankungen, die bei uns eher unüblich sind und mit denen sich Ihr Beagle anstecken kann. Falls Sie einen Urlaub ohne Beagle planen, schauen Sie sich rechtzeitig unterschiedliche Hundepensionen an. Kurzfristig werden Sie keinen Platz bekommen. Dinge, die unbedingt ins Reisegepäck gehören lesen Sie auf Seite 22 (Checkliste: Das muss mit in den Urlaub).

☞ PARASITEN IM AUSLAND

Es gibt fünf wichtige Reisekrankheiten:

KRANKHEIT	ÜBERTRÄGER	VERBREITUNGSGEBIET
Leishmaniose	Sandmücke	Südliches Europa
Herzwürmer	Stechmücke	Südliches und östliches Europa
Babesiose	Zecken	Süd- und Zentraleuropa bis Baltikum
Ehrlichiose	Zecken	Südliches Europa
Hautwürmer	Stechmücken	Südliches Europa

AUSSTELLUNGEN

Die ursprüngliche Funktion einer Rassehund-Ausstellung bestand darin, die Zucht zu überwachen, eventuelle Fehler so früh wie möglich zu erkennen und durch die Bewertung gegenzusteuern. So soll es auch heute noch sein.

Es ist interessant, den Blick über den Tellerrand schweifen zu lassen, und eine Ausstellung ist eine gute Gelegenheit dazu. Hier kann man sich z. B. die Größe, das Gangwerk und den Augenausdruck der Beagle anschauen. Darüber hinaus gewinnt man einen Eindruck des Verhaltens der Beagle untereinander und kann den Umgang des Ausstellers mit seinem Beagle betrachten. Überdies bietet sich dort die Gelegenheit, neue Kontakte zu knüpfen und Freunde zu treffen.

1988 besuchte ich „Crufts", die größte Rassehund-Ausstellung in England. Der englische Typ mit seiner Farbvielfalt und die große Anzahl an Beagle jeden Alters haben mich überwältigt und gleichzeitig inspiriert. In den darauffolgenden Jahren besuchten meine Tochter und ich jedes Jahr mehrere Rassehund-Ausstellungen in England mit ihrem typisch englischen Ambiente. Das bleibt immer unser Highlight unserer Urlaubsaufenthalte.

2013 Bournemouth Championship Show, Limit Class 2. Platz Charity vom Kemnader See.

ZUCHTHUNDE

Der Begriff Zuchthunde ist ein Überbegriff für alle zur Zucht verwendeten Hunde, egal bei welchem Verein ein Züchter Mitglied ist. Damit ist keine Aussage über die Haltungsbedingungen, die Reinrassigkeit und die Gesundheitsvorsorge getroffen.
Der Beagle Club Deutschland e. V. ist der einzige beim VDH eingetragene Verein (Stand 2024), deren Züchter sich verpflichtet haben, reinrassige Beagle durch Führung eines Stammbuchs zu züchten (S. 26).
An dieser Stelle möchte ich Ihnen zur Verdeutlichung einen kleinen Einblick in meine Zucht geben, was sie mir bedeutet und was sie mich gelehrt hat.
Meine wichtigste Aufgabe habe ich immer darin gesehen, die Qualität meiner Beagle zu erhalten. Dazu gehört das besonders ausgeglichene Wesen, ihre Intelligenz, den wachen und zugleich sanften Augenausdruck, das raumgreifende Gangwerk, ihre Größe, ihre jagdliche Passion und die Farbvielfallt. Dies habe ich durch meine 12 Generationen (Stand 2024) konsequenter Linienzucht beginnend im Jahr 1988 gefestigt. Aufgrund des gezielten Imports von Beagle aus bestimmten Blutlinien, die mir meine Züchterfreunde aus England ermöglicht haben, konnte ich meine Zuchtlinie vom Kemnader See stets auffrischen. Dazu gehört auch die besondere Freundschaft mit David Nicholson (Sabinhay), der es mir ermöglichte, die seltene Fellfarbe „Mottle“ einzukreuzen. Im Jahr 1997 wurde der erste mottle-farbige Welpe „Ziskin vom Kemnader See“ (3. Generation vom Kemnader See) in Deutschland geboren. Meine Hündin Ziskin vom Kemnader See war der erste mottle-Welpe im BCD e. V. und auf ihr baute ich meine „mottle“-Zucht auf. Viele Züchter im In- und Ausland teilen meine Begeisterung für diese alte Fellfarbe und so ist sie in den Ahnentafeln vieler Beagle zu finden.

Die Autorin mit einem Teil ihrer Mini-Meute.

Für Züchter sind möglicherweise folgende gedankliche Anregungen eine Hilfe bei ihrer Zuchtentscheidung. Schulen Sie Ihr Auge und besuchen Sie in angenehmer Atmosphäre Landesgruppen-Ausstellungen. Suchen Sie dabei das Gespräch mit anderen Züchtern.
Nutzen Sie das vielfältige Angebot von Fachbüchern über die Genetik, die Zucht und den Rassestandard. Dabei werden sich Ihnen eventuell Türen öffnen, die bisher für Sie verschlossen waren.
Auch der kritische Blick auf Ihre Hündin, in Bezug auf ein rassetypisches souveränes Wesen, ihre Größe, ihre jagdliche Passion und ihre Qualität kann sehr hilfreich sein. Setzen Sie Ihr Ziel dabei nicht zu hoch. Der erste Schritt ist die Vision, dann folgt die schwere Aufgabe die Qualität zu erhalten und den bestmöglichen Zuchtpartner zu finden, egal wie weit der Weg ist. Den Zuchtpartner vorher in natura gesehen zu haben erleichtert Ihnen die Entscheidung, denn Fotos sind nur eine gestellte Momentaufnahme.

NÜTZLICHE ADRESSEN

Verband für das Deutsche Hundewesen e. V. (VDH)
Westfalendamm 174
44141 Dortmund
www.vdh.de

Beagle Club Deutschland e. V.
www.beagleclub.de

Beagle Club Schweiz (BCS)
www.beagleclub.ch

Austria Beagle Club
www.beagleclub.at

ZUM WEITERLESEN

Zum Weiterlesen finden Sie hier eine Auswahl an Hundebüchern.

Dr. Feddersen Petersen, Dorit
Ausdrucksverhalten beim Hund.
Kosmos 2008.

Fichtlmeier, Anton
Grunderziehung für Welpen.
Kosmos 2014.

Fichtlmeier, Anton
Der Hund an der Leine.
Kosmos 2018.

Fichtlmeier, Anton
Suchen und Apportieren.
Kosmos 2015.

Mayer, Stefan; Schweizer, Joachim
Ausbildung und Fährte.
Kosmos 2020.

Middelhaufe, Sabine
Jagdhund ohne Jagdschein?
Kosmos 2017.

Pryor, Karen
Positiv bestärken, sanft erziehen.
Kosmos 2017.

Wilde, Nicole
Der ängstliche Hund.
Kynos 2009.

BILDNACHWEIS

110 Fotos wurden von Anna Auerbach/Kosmos für dieses Buch aufgenommen.
Weitere Farbfotos von Matthias Pauli (S. 50/51, 68, 97, 103, 118, 119 und 126).

IMPRESSUM

Umschlag- und Klappengestaltung von Claudia Adam Graphik Design, Bad Kreuznach, unter Verwendung von Farbfotos von Anna Auerbach/Kosmos.

Mit 117 Farbfotos

Alle Angaben in diesem Buch erfolgen nach bestem Wissen und Gewissen. Sorgfalt bei der Umsetzung ist indes dennoch geboten. Der Verlag und die Autorinnen übernehmen keinerlei Haftung für Personen-, Sach- oder Vermögensschäden, die aus der Anwendung der vorgestellten Materialien, Methoden oder Informationen entstehen könnten.

Unser gesamtes Programm finden Sie unter **kosmos.de.**
Über Neuigkeiten informieren Sie regelmäßig unsere Newsletter, einfach anmelden unter **kosmos.de/newsletter**

Gedruckt auf chlorfrei gebleichtem Papier

ISBN 978-3-440- 17698-6
Redaktion: Katja Pauls
Gestaltungskonzept: Peter Schmidt Group GmbH, Hamburg
Gestaltung und Satz: Claudia Adam Graphik Design, Bad Kreuznach
Produktion: Angela List
Druck und Bindung: Westermann Druck Zwickau GmbH, Zwickau
Printed in Germany/Imprimé en Allemagne

FSC www.fsc.org MIX Papier | Fördert gute Waldnutzung FSC® C110508

Auszug aus dem Rassestandard
— *Beagle*

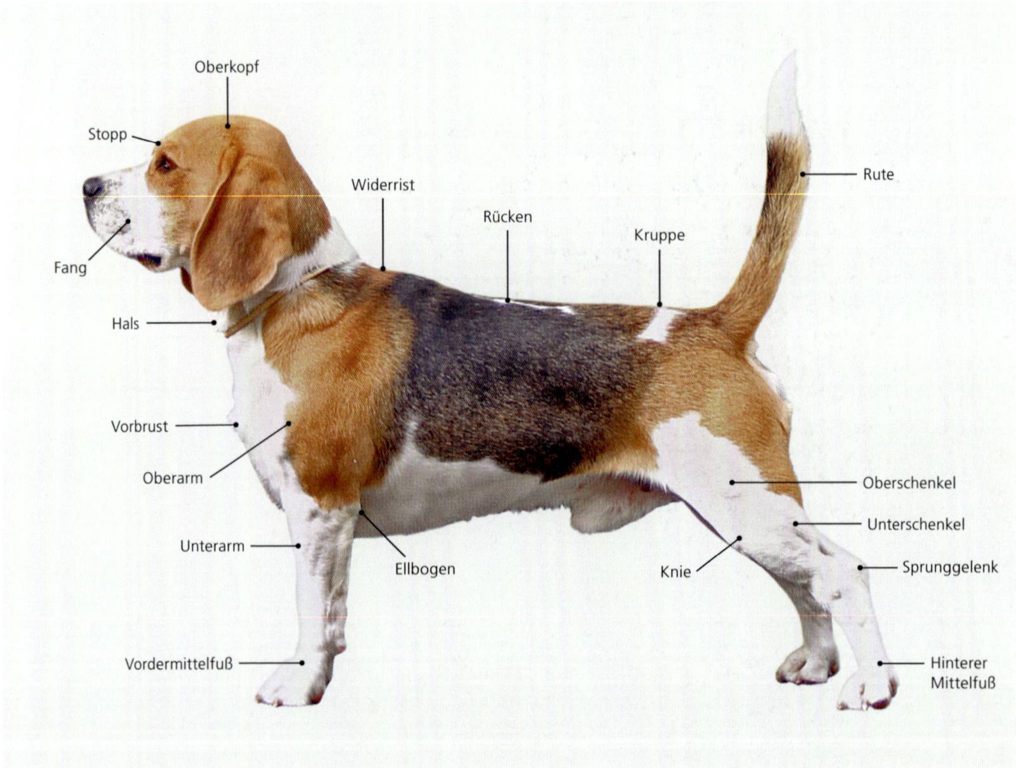

Allgemeines Erscheinungsbild

Ein robuster, kompakter Hund, vermittelt den Eindruck von Qualität ohne grob zu wirken.

Wichtige Proportionen

Der Abstand zwischen Hinterhauptbein und Nasenschwamm sollte möglichst genau durch den Stopp halbiert werden. Die Höhe bis zum Ellenbogen ist die Hälfte der Höhe bis zum Widerrist.

Verhalten/Charakter (Wesen)

Ein fröhlicher Hund, dessen wesentliche Bestimmung es ist zu jagen, vornehmlich Hasen, indem er der Fährte folgt, unerschrocken, äußerst lebhaft, mit Zähigkeit und Zielstrebigkeit. Aufgeweckt, intelligent und von ausgeglichenem Wesen. Liebenswürdig und aufgeweckt, ohne Anzeichen von Angriffslust oder Ängstlichkeit.